RANMEI DIANCHANG SHENDU TIAOFENG

JISHU YU YINGYONG

燃煤电厂深度调峰
技术与应用

李德波　廖伟辉　唐嘉宏　倪煜　吕兴城　屠博　廖宏楷　编著

中国电力出版社
CHINA ELECTRIC POWER PRESS

内 容 提 要

本书系统总结了燃煤电厂深度调峰改造的最新研究成果，主要包括燃煤电厂深度调峰改造技术背景、热力计算、水动力计算、深度调峰下锅炉数值模拟、高温腐蚀改造、冷态动力场试验、燃烧优化调整等方面的内容。

本书适用于从事燃煤电厂深度调峰技术研究和工程实践相关工作的管理、技术人员阅读参考。

图书在版编目（CIP）数据

燃煤电厂深度调峰技术与应用/李德波等编著.

北京：中国电力出版社，2024. 11. -- ISBN 978-7 -5198-9326-2

Ⅰ. TM621

中国国家版本馆 CIP 数据核字第 2024FY8134 号

出版发行：中国电力出版社

地　　址：北京市东城区北京站西街 19 号（邮政编码 100005）

网　　址：http://www.cepp.sgcc.com.cn

责任编辑：赵鸣志（010-63412385）

责任校对：黄　蓓　王小鹏

装帧设计：郝晓燕

责任印制：吴　迪

印　　刷：三河市万龙印装有限公司

版　　次：2024 年 11 月第一版

印　　次：2024 年 11 月北京第一次印刷

开　　本：787 毫米×1092 毫米　16 开本

印　　张：10.75

字　　数：224 千字

印　　数：0001—1000 册

定　　价：80.00 元

2020 年 9 月 22 日，国家主席习近平在第七十五届联合国大会一般性辩论上发表重要讲话指出：二氧化碳排放力争于 2030 年前达到峰值，努力争取到 2060 年前实现碳中和。我国燃煤电厂面临 CO_2 减排的巨大压力。2021 年，国家发展改革委和国家能源局发布关于开展全国煤电机组改造升级的通知，提出煤电机组改造升级是提高电煤利用效率、减少电煤消耗、促进清洁能源消纳的重要手段，对推动碳达峰碳中和目标如期实现具有重要意义。各地、各企业高度重视，将煤电机组改造升级作为一项重要工作抓好抓实抓细，切实提高煤电机组运行水平。

本书作者长期从事燃煤电厂深度调峰技术研究与大规模工程应用的工作，本书主要从燃煤电厂深度调峰改造技术背景、热力计算、水动力计算、深度调峰下锅炉数值模拟、高温腐蚀改造、冷态动力场试验、燃烧优化调整等方面，系统总结了研究团队在燃煤电厂深度调峰方面的最新研究成果。同时，在本书编写过程中，还引用了国内外专家学者在燃煤深度调峰方面相关的技术成果，得到了煤燃烧国家重点实验室、能源清洁利用国家重点实验室等大力支持和帮助，在此表示衷心的感谢。

希望本书的出版能对推动我国燃煤耦电厂深度调峰技术改造提供助力。

由于时间仓促，以及作者团队水平所限，书中难免有疏漏之处，希望大家批评指正。

编者

2024 年 7 月

目录

第一章 概　　述

本章主要对我国燃煤电厂深度调峰改造技术进行了介绍，从深度调峰相关政策、深度调峰改造下锅炉岛系统面临的关键技术难题，以及锅炉、环保、热工控制优化、汽轮机等方面进行了分析，指出了下一步技术改造的方向。

第一节　我国煤电发展技术现状

随着我国电力行业的快速发展，风电、水电及核电等新型清洁能源得到快速发展，2020 年我国"十三五"规划圆满收官，全国发电装机容量从 2015 年底的 15 亿 kW 增长到 2020 年底的 22 亿 kW，年均增长 7.6%，高于 2020 年预期装机总量 20 亿 kW，年均增长 5%的目标。2020 年新增的装机容量中，火电装机容量占比 56.58%，同比增长 4.7%，其中煤电装机容量占比 49.07%，同比增长 3.8%；水电装机容量占比 16.82%，同比增长 3.4%；风电装机容量占比 12.79%，同比增长 34.6%；核电装机容量占 2.27%，同比增长 2.4%。2020 年装机容量占比中，煤电装机容量首次跌破 50%，可见，在新型电力系统规划下，我国发电目前处于由传统能源向新型清洁能源的转型阶段。

在新型电力系统规划下，新型清洁能源得到了蓬勃发展，其装机容量及并网负荷不断提升，而由于新能源具有随机性、间歇性和不稳定性等特点，我国电力结构中弃风、弃光率长期高于 20%，新能源的快速发展导致电网消纳新能源发电面临巨大挑战。虽然煤电装机容量逐步下降，但仍为我国的主要发电方式，且在解决新能源并网方面的消纳难题中，作为基础调节能源，承担着调节负荷的重要角色。新型电力系统规划中，国家能源局综合司也下达文件指出应全面提升系统调峰能力及新能源接纳能力，承担全国 70%以上发电量的火电机组必须承担电网的调峰任务以解决新型电力系统规划下的能源结构转型所带来的难题，而现役火电机组在设计时均未考虑需长期处于深度调峰工况，因此对于新建的燃煤机组应在设计时基于该考虑对锅炉机组结构性能进行优化，已投运的燃煤机组应进一步开展灵活性改造以满足煤电的深度调峰需求。

在未来相当长的一段时间内，煤电仍将作为我国的主要发电方式以待新能源发电技术的进一步成熟，因此占我国煤炭利用 80%以上的燃烧用煤仍将是我国的主要用煤方式。国家提出要构建以新能源为主体的新型电力系统，要求我国主体电源要从煤电转化为新能源发电，其电源转型覆盖约 11 亿 kW 装机容量，因此在严控煤电项目的政策及"双碳"目标的要求下，我国未来新建的燃煤电厂必然呈逐年下降的趋势。对于新建的燃煤机组，在设计时不但应考虑锅炉机组在工程实际运行中将长期处于深度调峰负荷下运行，还应考虑掺烧诸如污泥等生物质耦合发电的灵活性改造降低碳排放的基础上进一步大幅降低碳排放；对于现役机组，燃煤电厂深度调峰将使锅炉机组持续在低负荷下运行，其碳排放较目前而言将出现显著降低，加之随着我国城镇化速度不断加快，污水排放量不断增加，作为污水的主要副产物的污泥产量与日俱增，逐渐出现"污泥围城"的现象，燃煤机组耦合污泥燃烧可以在实现污泥的快速减容及无害化处理的同时进一步降低机组燃煤比，从而进一步在深度调峰减排的基础上实现碳排放再降低，实现新型电力系统规划下的煤电减排目标。燃煤电厂耦合污泥燃烧可以从市政及发电两方面做到经济、绿色运行，因此燃煤电厂掺烧污泥的转型发电方式逐渐得到关注并得到了快速发展。

随着我国国民经济的迅速发展和人民生活水平的不断提高，各行各业生产用电和居民用电都迅速增长，电网峰谷差急剧增大。国家要求在"十四五"期间大力发展清洁能源，为碳达峰、碳中和创造条件，确保达到降低化石能源消耗量的目标。大容量机组在我国各大电网占有的比例越来越大，电网调峰难度加大，因而大容量机组参与深度调峰运行已成必然趋势。提高火电机组的灵活性，是保证燃煤电厂投运率的重要手段，在这种情况下，越来越多的火电机组参与了电网深度调峰，而且参与调峰的单元机组的容量也在加大。

为解决日益严重的弃风（光、水）问题，提高新能源的消纳能力，提高火电机组的运行灵活性已是迫在眉睫的任务。国家能源局于 2016 年连续召开会议和发文，对开展火电灵活性改造提出明确要求，"十三五"期间我国实施 2.2 亿 kW 燃煤机组的灵活性改造，使机组具备深度调峰能力，并进一步增加负荷响应速率，部分机组具备快速启停调峰能力。

2016 年 6 月 21 日，国家能源局下发《关于推动东北地区电力协调发展的实施意见》（国能电力〔2016〕179 号）；6 月 28 日，发布《关于下达火电灵活性改造试点项目的通知》（国能综电力〔2016〕397 号）；8 月 5 日，启动第二批灵活性改造示范工作。国家能源局要求：热电机组增加 20% 额定容量的调峰能力，最小技术出力达到 40%～50% 额定容量；纯凝机组增加 15%～20% 额定容量的调峰能力，最小技术出力达到 30%～35% 额定容量；部分具备改造条件的电厂最小技术出力达到 20%～25% 额定容量。同时，国家发展改革委印发《可再生能源调峰机组优先发电试行办法》（发改运行〔2016〕1558 号），严格要求"加强调峰能力建设，提升系统灵活性""全面推动煤电机组灵活性改造"。国家发展改革委、国家能源局在《关于提升电力系统调节能力的指导意见》（国家发改能源〔2018〕364 号）及《关于开展全国煤电机组改造升级的通知》（发改运行〔2021〕15192

号）中再次强调：为认真贯彻落实《中共中央、国务院关于完整准确全面贯彻新发展理念做好碳达峰碳中和工作的意见》精神，推动能源行业结构优化升级，进一步提升煤电机组清洁高效灵活性水平，促进电力行业清洁低碳转型，助力全国碳达峰、碳中和目标如期实现，各地在推进煤电机组改造升级工作过程中，需统筹考虑煤电节能降耗改造、供热改造和灵活性改造制造，实现"三改"联动。这些举措从宏观层面为火电厂超低负荷灵活性运行改造提供了政策保障和指导方向。

国家电网首先在东北地区开始实行火电机组低负荷灵活性深度调峰电价补贴政策措施，执行正常，并出现了"庄河现象""营口现象"，即国电电力庄河电厂、华能国际营口电厂等单位通过超低负荷运行得到了国家电网深度调峰大量电价补贴，甚至个别电厂每年电价补贴过亿元。继东北电网后，华北、华东、西北电网也先后启动区域电力辅助服务市场，福建、山西、山东、新疆、宁夏、广东、甘肃、重庆、江苏、河南、内蒙古等省（自治区、直辖市）电网都先后出台了燃煤机组低负荷灵活性深度调峰的《电力调峰辅助服务交易规则》和电价补贴政策。

第二节 深度调峰改造技术背景

一、燃煤电厂深度调峰原因

随着全球气温的不断升高，世界各国普遍开始着重于加大节能减排力度，通过开发及推广新型清洁能源的使用来代替传统的一次化石能源。我国作为世界上最大的煤炭消费国，每年用于发电的燃煤总量可达全国每年耗煤总量的 80%以上，因此，近年来在我国新型电力系统规划下诸如风电、水电、核电及光伏发电等新型清洁发电机组的装机容量及并网负荷显著提升。

新能源发电机组由于其特定的发电方式受地域资源限制，普遍远离经济发达地区及用电高峰地区，85%的新能源发电机组位于我国的"三北"（东北、华北、西北）地区，以及水电枯水期和冬春季的大风期等，出现了用电量与发电量匹配不平衡和电力供给相对过剩的情况；加之新能源发电方式的随机性、间歇性和不稳定性等特点，使电网疲于调节新能源发电的并网负荷，从而造成了我国"三北"地区的严重弃风、弃光现象。

综上，为进一步减少我国煤炭资源的消耗及提高电网对新能源发电机组的消纳能力，燃煤电厂必须承担电网的调峰任务。

二、燃煤电厂深度调峰难题

根据国家能源局下发的《关于提升电力系统调节能力的指导意见》，我国现役火电机组调峰能力明显不足，动力用煤主要以低品位的劣质煤为主，因此受煤种和设备结构特性的影响，目前我国火电机组在纯凝工况下的调峰能力只有 40%～50%额定容量，远不及较早开展火电厂调峰运行的德国、丹麦等国家的 70%额定容量。目前国际先进的火电机组调峰时最小处理技术已经可以达到 20%～25%额定功率，因此我国《电力发展"十三五"规划》明确指出：在"十三五"期间，纯凝机组最小技术出力达到 30%～35%额定容量，要求部分设备较好且燃用较好煤质的锅炉机组实现在控制 NOx 等污染物排放达标的基础上实现 20%或更低负荷下的稳燃及频繁启停。

随着新型清洁发电机组装机容量的进一步提升，对火电厂的调峰能力的要求将会进一步提升，因此燃煤机组的深度调峰将成为未来燃煤电厂在新型电力系统下的重要发展与转型方式。而我国现役燃煤煤电厂锅炉机组设计或投运时均未按照长期调峰工况设计，因此锅炉侧在调峰工况下长时间运行势必会面临一系列的难题。

1. 炉膛内火焰稳燃难题

燃煤电厂锅炉机组运行在深度调峰工况时，与其设计工况相比，通过磨煤机送入炉内的燃煤量下降，各层燃烧器的煤粉量下降，导致各层及炉膛内整体的火焰温度下降，极不利于炉内燃烧。当单只燃烧器的煤量继续下降至不满足合理的风煤比时，甚至会造成燃烧器的熄火，从而诱发炉内熄火，造成严重的电厂安全事故。因此，深度调峰运行时，若达到一定的炉膛灭火点，需对炉膛采取相应的稳燃措施。

2. 受热面超温及水动力安全难题

处于深度调峰低负荷工况运行的锅炉机组由于总煤量的下降，导致炉膛内火焰位置发生改变，火焰充满度较差，可能存在偏烧的情况，加之低负荷下水冷壁中工质流速减缓、锅炉水动力特性恶化，低负荷运行时，锅炉机组可能会发生由于火焰偏烧而引起的水动力安全问题，显著提升水冷壁、过热器及再热器局部超温爆管的可能性。

3. 积灰结渣及结露难题

当燃煤电厂锅炉机组深度调峰至 35%额定负荷以下时，水平烟道的风速将降低至5m/s 以下，其积灰将趋于严重。在长时间基于深度调峰工况运行时，水平烟道的积灰将对烟道的结构强度造成影响。锅炉机组低负荷燃烧时，火焰中心位置较正常工况偏低，可以减轻炉膛折焰角部位的未燃尽碳所造成的灰渣沉积物，但过低的火焰位置极有可能恶化冷灰斗区域的结渣特性；烟温过低还将导致锅炉机组除尘器入口烟温降低，当其低于烟气的酸露点时，会存在结露的风险。

4. 脱硝系统难题

我国现役燃煤电厂锅炉机组的脱硝系统普遍采用选择性催化还原（selective catalytic reduction，SCR）技术，即目前应用最为广泛的烟气脱硝技术，不易形成二次污染，运行可靠、便于维护，但 SCR 技术对反应温度控制要求较高，当烟气温度低于 1173K 时易造成氨穿透的现象，且 SCR 烟气脱硝系统的效率与所选催化剂、脱硝系统整体流场、温度场及烟气组分分布有关。因此，在锅炉深度调峰运行时，烟气流场及温度的改变易对脱硝系统产生较大的影响（见图 1-1），SCR 入口烟温过高可能会烧毁催化剂，烟温过低则催化剂活性出现大幅降低。

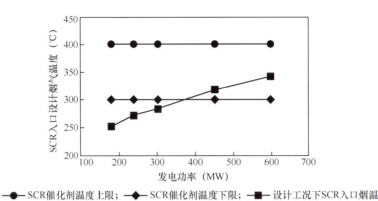

图 1-1 某 600MW 超临界锅炉 SCR 入口烟温（设计值）与发电功率的关系曲线

5. 自动发电控制（automatic generation control，AGC）难题

燃煤电厂锅炉机组由正常工况转至低负荷工况运行时，由于机组换热设备存在较大的热惯性，因此变工况时指令与响应之间存在较大的延迟。锅炉机组 AGC 的调节随降负荷导致的机组调节裕量减少而逐渐变得困难，目前电网对 AGC 机组调节速度的考核指标为每分钟 1.0%～2.0% 额定容量，随着燃煤电厂调峰要求的进一步深化，通过机组整体系统低负荷改造及优化，该指标应进一步提升。

三、燃煤电厂灵活性改造

国内现役锅炉机组在设计时未考虑需长期处于深度调峰工况而带来的安全运行隐患，因此为进一步开展深度调峰工作需对整体机组进行灵活性改造，以提升燃煤电厂的整体调峰能力，从而满足电网的调峰负荷需求。根据燃煤电厂深度调峰所面临的难题，应对下述方面开展灵活性改造。

1. 锅炉稳燃特性改造

燃煤电厂锅炉机组在进行深度调峰时，由于负荷降低导致总煤量下降，为保证各层燃烧器及炉膛内火焰不出现熄火等现象，应采取下述措施对锅炉机组稳燃特性进行改造：

（1）对一次风风粉管风速进行合理化改造。在不发生煤粉沉积的情况下，适当降低一次风风速，营造高浓度煤粉的气流特性，从而促进着火。

（2）提升煤粉磨制细度。有研究指出煤粉着火温度随煤粉细度的提升而降低，其原因为较细的煤粉的颗粒比表面积增大，活化能降低，其中的灰分在更低的温度下即可析出。

（3）针对不同形式的锅炉应开展不同的配风方式改造。四角切圆燃烧方式下应采用较小的周界风风速，前后墙对冲旋流燃烧锅炉应采用较小的内二次风风速，以免过高的风速降低煤粉的着火热。

（4）低负荷运行时，煤粉总量减少，因此应根据煤粉的减少量调整炉膛中的氧气含量。当炉内氧气含量较大时，会导致个燃烧器层及炉膛内的风量过大，从而降低煤粉的着火热，增大炉膛内熄火的可能性。

2. 锅炉热力、水动力及壁温计算

燃煤电厂锅炉机组在深度调峰时,炉膛内的燃烧工况与锅炉的实际设计工况偏差较大,因此各个受热面的传热状态及受热情况也将随之发生较大的改变,与锅炉初始热力计算值存在较大的偏差。因此对于深度调峰机组,应分别按照所带负荷,对锅炉整体开展基于该负荷下的整体锅炉机组的热力计算,以校正各个受热面的实际工作状态及受热面温度。

水动力方面,锅炉机组在低负荷工况运行时,炉内的热负荷不均匀性 η_r 较大,因此会增加热效流量偏差,在垂直上升管组中,低负荷时质量流速将明显降低。在水动力中脉动的防止和检验中,重位压降在低负荷时的影响将变大,直流锅炉诸如脉动、停滞等危险工况均发生在质量流速较低的低负荷工况下,而直流锅炉的最低允许负荷约为额定负荷的 25%～35%,加之水动力计算是在炉膛热力计算的基础上开展的,因此在深度调峰时,应对所带负荷开展水动力计算。

壁温计算方面,由于锅炉处于低负荷运行时炉内可能发生火焰偏烧,加之水冷壁等壁面内工质流量减少,因此受热面壁温极有可能出现超温的现象。在锅炉整体热力和水动力计算后,求出水冷壁管内工质沿炉膛高度方向上的压力和焓值的变化,并基于水和蒸汽的物性关系计算求得沿炉膛高度方向上管内流体的温度变化后,进一步开展相关受热面的壁温计算,以确保锅炉各受热面壁温均处于其材料的需用温度下,确保燃煤电厂的安全平稳运行。

3. 吹灰改造及结露预防

对于低负荷工况运行时,水平烟道因流速过低而导致水平烟道积灰严重的现象,可以通过加装蒸汽吹灰器并在标准工况的基础上增加吹灰作业班次,或改用较为先进的实时监测吹灰装置进行及时清扫,以免严重积灰时对水冷烟道的结构强度造成影响。

结露主要是由于低负荷下炉内燃烧温度下降导致整体烟气温度下降,从而使除尘器入口烟温过低而导致。此方面的改造应对除尘器入口烟温通过计算反求出其最低烟气入口温度,并在低负荷运行时对该温度进行实时监测,以防结露风险;同时也可通过空气预热器烟气旁路改造、受热面改造等措施提高除尘器入口烟温,以避免结露的发生。

4. 脱硝系统灵活性改造

我国燃煤电厂普遍采用的 SCR 脱硝系统的正常工作温度在 563～693K 之间,而深度调峰工况下锅炉机组炉膛内烟气温度较低,低温烟气进入在标准工况下设计的 SCR 脱硝系统后,由于烟气温度过低导致脱硝装置不能正常工作或使脱硝装置退出运行,从而引起锅炉机组整体 NO_x 排放量显著上升,超过国家限定的排放标准。因此,在低负荷运行时,可以通过采用工作温度更广的催化剂来适应锅炉负荷在深度调峰至正常工况间的负荷变化;或通过省煤器内、外部烟气旁路技术,分级省煤器技术等对 SCR 脱硝系统进行升级改造。

低温环境下 SCR 脱硝系统的空气动力场、温度场及烟气组分场,基于工程实际开展现场测量难度太大且成本太高，还有可能引入机械或人为因素的误差，因此可通过商业计算流体力学软件 FLUENT 对深度调峰机组开展多工况、变负荷下的数值模拟，从而优化处于深度调峰下的 SCR 脱硝系统。

我国燃煤电厂锅炉机组深度调峰的研究相较于欧洲先进国家起步较晚，技术尚不成熟，加之锅炉机组设计出厂时均未考虑需进行长时间低负荷运行，因此在深度调峰工况下锅炉机组存在的难题较多，需要通过数值模拟与工程实验相结合的方式，探究并解决深度调峰时出现的问题，通过灵活性改造的手段对锅炉机组进行改造，必要时研发适合长期低负荷运行下的新型技术及设备，为以后将处于长期深度调峰运行工况下的锅炉机组的安全、平稳、绿色运行提供保证。

第二章　燃煤电厂深度调峰热力计算技术

本章主要以一台 600MW 燃煤机组为例，对锅炉深度调峰下的热力计算进行了研究，包括不同负荷下锅炉传热特性对比分析，为现场开展深度调峰技术改造提供了基础数据。

第一节　设　备　概　况

某电厂 1、2 号锅炉为东方锅炉厂生产的∏型布置，单炉膛，一次中间再热，尾部双烟道结构，前、后墙对冲燃烧方式，旋流燃烧器，平衡通风，固态排渣，全钢构架，全悬吊结构露天布置，内置式启动分离系统，三分仓回转式空气预热器，正压冷一次风机直吹式制粉系统的 600MW 超（超）临界参数变压直流本生型锅炉。设计煤种为神府东胜烟煤，其特点是挥发分高、发热量高、结焦性强。校核煤种为晋北烟煤。锅炉的点火油和微油均为 0 号普通柴油。目前锅炉主要燃用国内烟煤及高挥发分印尼煤，掺烧部分澳洲烟煤。制粉系统采用中速磨煤机直吹式正压冷一次风制粉系统，每炉配 6 台磨煤机，其中 1 台备用。煤粉细度 R_{90}=16%（设计煤种），煤粉均匀性系数为 1.05。

一、锅炉容量和主要参数

锅炉过热蒸汽和再热蒸汽的压力、温度、流量等与汽轮机的参数相匹配。锅炉最大连续蒸发量（boiler maximum continue rate，BMCR）工况与汽轮机阀门全开工况（valve wide open，VWO）匹配，锅炉最经济连续蒸发量（boiler economic continue rate，BECR）工况与汽轮机热耗率验收（turbine heat acceptance，THA）工况匹配。BMCR 工况锅炉蒸发量 1950t/h，额定蒸汽压力 25.4MPa，额定蒸汽温度 571℃，再热蒸汽温度 569℃。锅炉主要性能参数见表 2-1。以下 BMCR 工况与 BECR 工况参数作为卖方与设计方初步配合参数，在汽轮机参数确定后双方最终确认。

表 2-1 锅炉主要性能参数

参数	单位	BMCR 工况	BECR 工况	TMCR 工况	BRL 工况
过热蒸汽流量	t/h	1950.176	1714.843	1857.3	1857.3
过热器出口蒸汽压力	MPa（g）	25.41	25.41	25.3	25.3
过热器出口蒸汽温度	℃	571	571	571	571
再热蒸汽流量	t/h	1590.347	1410.729	1519.8	1510.5
再热器进口蒸汽压力	MPa（g）	4.854	4.300	4.61	4.57
再热器出口蒸汽压力	MPa（g）	4.664	4.110	4.44	4.40
再热器进口蒸汽温度	℃	328.5	316.6	323	322
再热器出口蒸汽温度	℃	569	569	569	569
省煤器进口给水温度	℃	291.3	282.9	287	286

注　TMCR指汽轮机最大连续出力工况，turbine maximum continue rate。BRL指锅炉额定工况，boiler rating load。

二、煤质资料与灰渣成分分析

燃用设计煤种为神府东胜烟煤，校核煤种为晋北烟煤，煤质及灰特性资料见表2-2。

表 2-2 燃烧煤种煤质资料

项目		设计煤种（神华煤）	校核煤种（晋北煤）
元素分析（收到基）	碳（%）	60.51	58.56
	氢（%）	3.62	3.36
	氧（%）	9.50	7.20
	氮（%）	0.70	0.79
	硫（%）	0.43	0.61
	灰分（%）	12.54	19.87
	水分（%）	12.70	9.61
	低位发热量（kJ/kg）	22800	22410
	低位发热量（kcal/kg）	5445.7	5352.5
	可磨性指数HGI	54	57.64
工业分析（收到基）	挥发分（%）	27.33	22.82
	固定碳（%）	47.67	47.8
	灰分（%）	11	19.77
	全水分（%）	12.70	9.61
	固有水分（%）	7.80	2.85
	干燥无灰基挥发分	27.33	32.31
灰分析	SiO_2（%）	35.43	50.41
	Al_2O_3（%）	11.72	15.73
	Fe_2O_3（%）	9.59	23.46
	CaO（%）	28.93	3.93
	MgO（%）	2.14	1.27
	TiO_2（%）	0.57	—
	SO_3（%）	6.52	2.05
	Na_2O（%）	0.88	2.33
	K_2O（%）	1.05	—

续表

项目		设计煤种（神华煤）	校核煤种（晋北煤）
灰分析	MnO_2（%）	0.38	—
	其他（%）	2.79	0.82
灰熔点	变形温度DT（℃）	1110	1100
	软化温度ST（℃）	1150	1190
	熔化温度FT（℃）	1190	1270

三、水冷壁布置

炉膛宽为 22162.4mm，深度为 15456.8mm，高度为 62000mm，整个炉膛四周为全焊式膜式水冷壁，炉膛由下部螺旋盘绕上升水冷壁和上部垂直上升水冷壁两个不同的结构组成，两者间由过渡水冷壁和中间混合集箱转换连接，炉膛角部为半径为 150mm 的圆弧过渡结构。炉膛冷灰斗的倾斜角度为 55°，除渣口的喉口宽度为 1.2432m。炉膛水冷壁总体布置如图 2-1 所示。

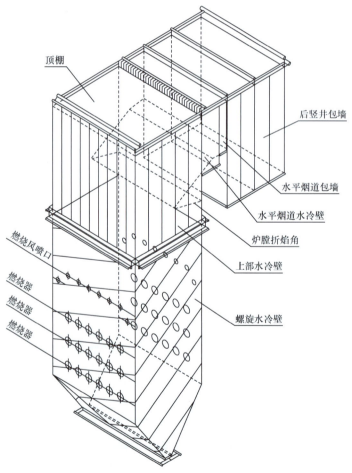

图 2-1　水冷壁总体布置

经省煤器加热后的给水通过单根下水连接管（ϕ457.2mm×62mm，SA-106C）引至两个下水连接管分配集箱（ϕ368.3mm×68mm，SA-106C），再由 32 根引出管（ϕ127mm×19mm，SA-106C）引入两个螺旋水冷壁入口集箱（ϕ190.7mm×38mm，SA-106C）。炉膛下部水冷壁（包括冷灰斗水冷壁和中部螺旋水冷壁）都采用螺旋盘绕膜式管圈，从水冷壁进口到折焰角下约 3m 处。螺旋水冷壁管全部采用六头、上升角 60°的内螺纹管，共 492 根，管子规格ϕ38.1mm×7.5mm，材料为 SA-213T2。冷灰斗处管子节距 50.8mm 及 49.827mm，冷灰斗以外的中部螺旋盘绕管圈倾角为 19.471°，管子节距 50.8mm。冷灰斗管屏、螺旋管屏膜式扁钢厚 δ6.4mm，材料为 15CrMo，采用双面坡口焊接型式。

过渡段水冷壁的结构如图 2-2 所示。螺旋水冷壁前墙、两侧墙出口管全部抽出炉外，后墙出口管则是 3 抽 1 根管子直接上升成为垂直水冷壁后墙凝渣管，另 2 根抽出到炉外。抽出炉外的所有管子均进入螺旋水冷壁出口集箱（ϕ190.7mm×44mm，SA-335P12），然后由 26 根连接管（ϕ141.3mm×24mm、ϕ127mm×22mm，SA-335P12）引入位于炉膛两侧墙外的两个混合集箱中（ϕ444.5mm×96mm，SA-335P12）。混合后，由 28 根连接管（ϕ141.3mm×24mm、ϕ127mm×22mm，SA-335P12）引出到垂直水冷壁进口集箱和水平烟道水冷壁侧墙进口集箱（ϕ190.7mm×40mm，SA-335P12），由垂直水冷壁进口集箱上引出的三倍于螺旋管数量的管子组成垂直水冷壁管屏，垂直管数量与螺旋管数量比为 3∶1。这种结构的过渡段水冷壁可以把螺旋水冷壁的荷载平稳地传递到上部水冷壁。过渡段水冷壁两侧和前墙管子规格为内螺纹管ϕ38.1mm×7.5mm，SA-213T2，垂直管ϕ31.8mm×9mm，15CrMoG；后墙管子规格为内螺纹管ϕ38.1mm×7.5mm，SA-213T2，垂直管ϕ31.8mm×7.5mm，15CrMoG。

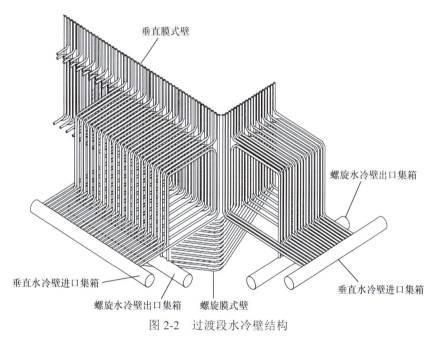

图 2-2　过渡段水冷壁结构

上炉膛水冷壁采用结构较为简单的垂直管屏，管子规格为ϕ31.8mm×9mm，材料为

15CrMoG，节距 50.8mm；膜式扁钢厚 δ6.4mm，材料为 15CrMo，扁钢与管子间采用直条式且不开坡口焊接。垂直水冷壁管子根数：前墙 434 根，两侧墙各 304 根，凝渣管 48 根，后墙折焰角和水平烟道底部水冷壁共 386 根。凝渣管规格为 ϕ70mm×22mm，材料为 15CrMoG。

水平烟道侧墙前部分为膜式水冷壁管屏，管子规格为 ϕ31.8mm×7.5mm，材料 15CrMoG，节距 63.5mm，数量 43 根；膜式扁钢厚 δ6.4mm，材料为 15CrMo，采用直条式且不开坡口。

水冷壁出口工质汇入上部水冷壁出口集箱（ϕ190.7mm×44mm，SA-335P12）后，由 26 根连接管（ϕ141.3mm×24mm、ϕ88.9mm×16mm、ϕ127mm×22mm，SA-335P12）引入水冷壁出口混合集箱（ϕ584.2mm×106mm，SA-335P12），再由 12 根连接管（ϕ190.7mm× 31mm，SA-335P12）分别引入两只启动分离器中。

第二节　深度调峰下锅炉热力计算评估

锅炉热力计算分为设计计算和校核计算，设计计算一般是在设计新锅炉时运用的方法，而校核计算是在锅炉结构已定，燃料变更时进行的计算。

在锅炉热力计算中，首先以燃料完全燃烧得出理论空气量、烟气成分和烟气的焓等，然后考虑燃料的化学不完全燃烧热损失和机械不完全燃烧热损失，在上述烟气焓中查出理论燃烧温度等。

根据锅炉本体中传热的特点，锅炉热力计算又可以分为炉膛热力计算和对流受热面热力计算。锅炉炉膛内的过程是异常复杂的，在其内部同时进行着流动、混合、燃烧、传热等过程，而且这些过程相互作用、相互影响。炉膛由于以辐射换热为主，且温度分布不均匀，准确计算传热难度大，对流受热面的计算较为准确。

一、满负荷工况计算结果及验证

（一）基本参数设置

表 2-3 为某电厂 600MW 机组满负荷工况基本参数设置，表中所有参数设置参考锅炉设计图纸及说明书，而煤质数据则为实际燃用煤现场取样后化验得到。

表 2-3　　　　　　　　　　满负荷工况锅炉基本参数

参数		符号	单位	数值
锅炉设计参数	额定蒸发量	D	t/h	1950.2
	额定工作压力	p	MPa	26.15
	过热蒸汽出口温度	t	℃	571
	给水温度	t_{gs}	℃	290.3
	给水压力	p_{gs}	MPa	29.35
	热空气温度	t_{rk}	℃	—
	冷空气温度	t_{lk}	℃	—

续表

参数		符号	单位	数值
锅炉设计参数	漏风温度	t_{lf}	℃	22
	一次风冷风温度	t_{lk1}	℃	33
	一次风热风温度	t_{rk1}	℃	224
	一次风率	r_1	%	17
	二次风冷风温度	t_{lk2}	℃	26
	二次风热风温度	t_{rk2}	℃	343
	二次风率	r_2	%	83
	排烟温度	θ_{py}	℃	134
	再热蒸发量	D_{zr}	t/h	1590.3
	再热蒸汽入口温度	t_2'	℃	327
	再热蒸汽入口压力	p_2'	MPa	4.92
	再热蒸汽出口温度	t_2''	℃	569
	再热蒸汽出口压力	p_2''	MPa	4.73
	再热蒸汽喷水量	D_{ps}	t/h	0
	再热蒸汽喷水温度	t_{ps}	℃	180
	再热蒸汽喷水压力	p_{ps}	MPa	17
燃料成分参数（收到基）	碳C		%	50.56
	氢H		%	3.2
	氧O		%	10.68
	氮N		%	0.77
	硫S		%	0.57
	灰分	A	%	12.02
	挥发分	V	%	28.77
	水分	W	%	22.2
	低位发热量	Q_{dw}	kJ/kg	18860
	变形温度	t_1	℃	1110
	软化温度	t_2	℃	1150
	熔化温度	t_3	℃	1190
	煤的飞灰系数	ξ_{fh}		0.95

（二）受热面烟气测及工质侧流程

图 2-3 所示为受热面烟气侧流程。在炉膛中生成的烟气，流经水冷壁进行辐射换热；经过折焰角到达屏区与大屏过热器进行换热；再先后经过高温过热器(后屏过热器)、高温再热器进行对流换热。随后到达后竖井烟道的烟气在前转向烟室和后转向烟室分为两部分，经过前转向烟室的烟气继续流向低温再热器，经过后转向烟室的烟气先经过低温过热器，最终流向省煤器。

图 2-4 所示为受热面工质侧流程。锅炉汽水流程分为两部分，一是如图 2-4（a）所示一次汽流程，二是如图 2-4（b）所示再热蒸汽流程。

图 2-4（a）中，给水首先经过省煤器预热，再流向炉膛水冷壁由下至上流动，生成蒸汽后经过汽水分离器，蒸汽继续进入顶棚过热器再加热，随后再流经低温过热器、大屏过热器，最终通过高温过热器变成高温蒸汽流向高压缸。

图 2-4（b）中，高压缸排汽由下至上依次通过一、二、三级水平段低温再热器，再流经垂直段低温再热器，最后到达高温再热器完成整个再热流程，流向中压缸。

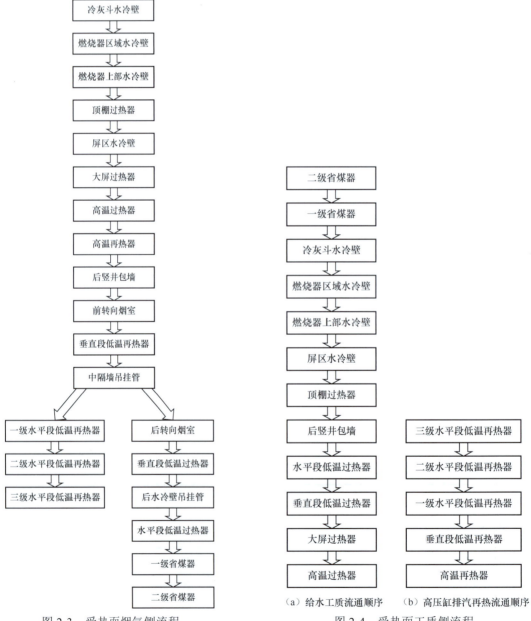

图 2-3　受热面烟气侧流程

（a）给水工质流通顺序　（b）高压缸排汽再热流通顺序

图 2-4　受热面工质侧流程

14

（三）满负荷工况计算结果验证

表 2-4 为满负荷工况热平衡计算结果。由于本书采用煤质数据为近期试验测得，试验时燃用煤不是设计煤，因此燃料消耗量、燃料低位发热量等参数与设计煤种不一样。

从表 2-4 可以看出，对于排烟热损失 q_2 来说，本试验的计算值为 5.31，锅炉设计工况值为 4.84；锅炉热效率计算值为 93.96%，与设计值 93.91% 十分接近，二者差值不到 0.1%。综上所述，验证本热力计算结果较为合理准确。

表 2-4　　　　　　　　　　　满负荷工况热平衡计算结果

参数	符号	单位	试验结果	设计工况
燃料低位发热量	Q_{dw}	kJ/kg	18860.00	
一次风冷风温度	t_{lk1}	℃	33	33
二次风冷风温度	t_{lk2}	℃	26	26
理论冷空气焓	H^0_{lk}	kJ/kg	178.84	—
炉膛出口过量空气系数	α''_1		1.14	1.14
炉膛漏风系数	$\Delta\alpha_1$		0.02	
制粉系统漏风系数	$\Delta\alpha_{zf}$		0.00	
空气预热器漏风系数	$\Delta\alpha_{ky}$		0.05	
空气预热器进口空气量比	β'		1.12	
燃料带入炉膛热量	Q_r	kJ/kg	18893.95	
排烟温度	θ_{py}	℃	135.90	
排烟处过量空气系数	α_{py}		1.14	1.14
排烟焓	H_{py}	kJ/kg	1210.75	—
排烟热损失	q_2	%	5.31	4.84
化学不完全燃烧热损失	q_3	%	0.00	0
机械不完全燃烧热损失	q_4	%	0.40	0.8
散热损失	q_5	%	0.33	—
灰渣物理热损失	q_6	%	0.00	0.3
锅炉热效率	η	%	93.96	93.91
保热系数	φ		1.00	—
锅炉有效利用热	Q_{yx}	kW	1404947.42	—
燃料消耗量	B	t/h	284.90	237.01
计算燃料消耗量	B_j	t/h	283.76	235.11
烟气酸露点温度	t_1	℃	102.4	
主蒸汽一级喷水量	W_{ps}	t/h	78	78
主蒸汽二级喷水量	W_{ps}	t/h	78	78

（四）满负荷工况其他计算结果

表 2-5 为满负荷工况 ASME 热平衡计算结果，表 2-6 为满负荷工况蒸汽调节参数设置，表 2-7、表 2-8 为满负荷工况热力计算结果汇总，包括受热面进出口烟温、工质温度、传热系数等主要参数。

表 2-5　　　　　　　　　　　满负荷工况 ASME 热平衡计算结果

参数	符号	单位	结果	
			按高位发热量计算	按低位发热量计算
燃料高位发热量	Q_{gw}	kJ/kg	22323.80	
排烟温度（包括漏风）	θ_{py}	℃	135.90	
排烟温度（不包括漏风）	θ'_{py}	℃	140.06	
干烟气热损失	L_G	%	3.81	4.51
燃料中氢生成的水分引起的热损失	L_{mH}	%	3.40	0.33
燃料中水分引起的热损失	L_{mH_2O}	%	2.64	0.25
气体燃料中水蒸气引起的热损失	L_{mH_2Ov}	%	0.00	0.00
空气中水分引起的热损失	L_{mA}	%	0.07	0.08
灰渣物理显热热损失	L_{RS}	%	0.03	0.04
未完全燃烧热损失	L_{UB}	%	0.50	0.59
表面辐射和对流热损失	L_{β}	%	0.17	0.20
其他热损失	L_O	%	0.30	0.36
锅炉热效率	η	%	89.08	93.65

表 2-6　　　　　　　　满负荷工况蒸汽调节参数设置（喷水减温器）

参数		符号	单位	数值
过热蒸汽调节	主蒸汽一级喷水量	W_{ps}	t/h	78
	主蒸汽二级喷水量	W_{ps}	t/h	78
	主蒸汽三级喷水量	W_{ps}	t/h	—
	喷水温度	t_{ps}	℃	329.57
	喷水压力	p_{ps}	MPa	29.25
再热蒸汽调节	再热蒸汽一级喷水量	W_{ps}	t/h	0
	再热蒸汽二级喷水量	W_{ps}	t/h	—
	喷水温度	t_{ps}	℃	180
	喷水压力	p_{ps}	MPa	17
	旁通烟气份额	x		0.608

表 2-7　　　　　　　　满负荷工况受热面计算结果汇总(一)

受热面	计算受热面面积 A（m²）	进口烟温 θ'（℃）	出口烟温 θ''（℃）	工质进口温度 t'（℃）	工质出口温度 t''（℃）	烟气流速 w_y（m/s）	工质流速 w（m/s）
方形炉膛（有大屏）	6225.3	1979.3	1143.0	329.5	329.0	—	—
冷灰斗水冷壁	767.1	—	—	329.5	356.8	—	—
燃烧器区域水冷壁	681.1	—	—	356.8	384.3	—	—
燃烧器上部水冷壁1	779.8	—	—	384.3	395.5	—	—
燃烧器上部水冷壁2	1136.8	—	—	395.5	405.5	—	—
燃烧器上部水冷壁3	53.0	—	—	405.5	405.4	—	—
屏区下部水冷壁	146.6	—	—	405.4	405.3	—	—
屏区上部水冷壁	700.3	—	—	405.3	414.3	—	—
分隔屏过热器	2665.0	—	—	447.0	534.2	—	—

续表

受热面	计算受热面面积 A（m²）	进口烟温 θ'（℃）	出口烟温 θ"（℃）	工质进口温度 t'（℃）	工质出口温度 t"（℃）	烟气流速 w_y（m/s）	工质流速 w（m/s）
炉膛内顶棚管过热器	254.8	—	—	419.5	419.4	—	—
后屏过热器	2573.3	1143.0	1015.8	514.1	570.6	8.43	13.33
后水冷壁吊挂管	71.3	1015.8	1009.3	407.6	422.4	9.31	18.17
高温再热器	2908.0	1009.3	909.9	493.9	568.4	10.88	31.58
后竖井前墙吊挂管	130.7	909.9	902.0	420.8	430.8	10.10	17.38
垂直段再热器	2111.0	902.0	843.9	447.3	493.9	10.56	18.80
前转向烟室	499.2	843.9	829.9	—	—	10.38	—
一级水平低温再热器	5748.0	829.9	596.0	379.2	447.3	8.64	16.95
二级水平低温再热器	5968.0	596.0	463.4	344.4	379.2	7.76	11.62
三级水平低温再热器	5980.0	463.4	390.6	327.0	344.4	6.79	10.87
中隔墙吊挂管	128.8	829.9	822.1	420.8	426.3	5.81	17.00
垂直段过热器	1226.7	822.1	779.8	451.3	458.5	5.91	7.89
后转向烟室	823.8	779.8	748.7	—	—	5.62	—
水平低温过热器	6497.8	748.7	595.2	428.7	451.3	9.32	6.69
一级省煤器	8719.9	595.2	432.5	303.1	329.5	8.48	0.91
二级省煤器	8437.1	432.5	354.5	290.3	303.1	7.21	0.87
合烟挡板	—	368.7	368.7	—	—	—	—
SCR烟气脱硝装置	—	368.7	368.7	—	—	—	—

表 2-8　　　　　　　满负荷工况受热面计算结果汇总(二)

受热面	传热温差 Δt（℃）	传热系数 k [kW/(m²·℃)]	传热量 Q_{cr}（kJ/kg）	吸热量 Q_{rp}（kJ/kg）	附加受热面吸热量 Q_{fj}（kJ/kg）	受热面工质吸热量 Q（kJ/s）
冷灰斗水冷壁	—	—	—	9707.9	—	572402.25
燃烧器区域水冷壁	—	—	1069.922	—	—	—
燃烧器上部水冷壁1	—	—	1543.561	—	—	—
燃烧器上部水冷壁2	—	—	1631.435	—	—	—
燃烧器上部水冷壁3	—	—	2080.919	—	—	—
屏区下部水冷壁	—	—	92.394	—	—	—
屏区上部水冷壁	—	—	92.911	—	—	—
分隔屏过热器	—	—	443.793	—	—	—
炉膛内顶棚管过热器	—	—	2462.744	—	—	193919.16
后屏过热器	—	—	161.484	—	—	12671.78
后水冷壁吊挂管	531.8	0.084	1280.742	1268.1	152.6	107043.67
高温再热器	597.5	0.132	71.227	71.0	—	10091.49
后竖井前墙吊挂管	422.5	0.063	982.731	973.1	115.3	76650.62
垂直段再热器	480.1	0.108	86.224	85.9	—	6766.24
前转向烟室	402.3	0.057	619.183	613.4	13.9	48323.02

受热面	传热温差 Δt（℃）	传热系数 k [kW/(m²·℃)]	传热量 Q_cr（kJ/kg）	吸热量 Q_rp（kJ/kg）	附加受热面吸热量 Q_fj（kJ/kg）	受热面工质吸热量 Q（kJ/s）
一级水平低温再热器	—	—	149.426	150.4	—	
二级水平低温再热器	291.9	0.044	936.614	927.4	33.9	73081.95
三级水平低温再热器	163.1	0.042	512.714	507.8	13.9	40018.50
中隔墙吊挂管	88.4	0.040	268.065	270.7	—	21341.20
垂直段过热器	402.5	0.078	51.253	51.1	—	4027.12
后转向烟室	346.0	0.049	265.669	266.1	8.6	20899.97
水平低温过热器	—	—	196.509	199.2	—	
一级省煤器	225.7	0.051	940.577	935.6	35.0	73745.27
二级省煤器	189.4	0.047	983.855	976.2	14.1	76947.20
合烟挡板	93.0	0.045	444.593	445.4	—	35110.93

注 $Q=(i''-i')\times D$，其中 i' 为工质进口焓值，kJ/kg；i'' 为工质出口焓值，kJ/kg；D 为工质流量，kg/s。

二、50%负荷工况计算结果

50%负荷工况时燃用煤种与满负荷时一致，煤质资料见表2-2。50%负荷工况相较于满负荷工况来说主要是改变了燃煤量、蒸汽量、风量等运行参数，受热面结构参数与满负荷工况保持一致，锅炉基本参数见表2-9。其中额定蒸发量、给水压力、一、二次风温度等同样参考设计热力计算汇总表2-9中所列值。50%负荷工况热平衡计算结果等分别见表2-10～表2-14。

表 2-9　　　　　　　　　50%负荷工况锅炉基本参数

参数		符号	单位	数值
锅炉设计参数	额定蒸发量	D	t/h	825.5
	额定工作压力	p	MPa	13.8
	过热蒸汽出口温度	t	℃	571
	给水温度	t_{gs}	℃	240.3
	给水压力	p_{gs}	MPa	14.7
	漏风温度	t_{lf}	℃	22
	一次风冷风温度	t_{lk1}	℃	29
	一次风热风温度	t_{rk1}	℃	211
	一次风率	r_1	%	18.6
	二次风冷风温度	t_{lk2}	℃	40
	二次风热风温度	t_{rk2}	℃	306
	二次风率	r_2	%	81.3
	排烟温度	θ_{py}	℃	126
	锅炉排污率	ρ_{py}	%	—
再热蒸汽参数	再热蒸发量	D_{zr}	t/h	709.15
	再热蒸汽入口温度	t_2'	℃	315.3

续表

参数		符号	单位	数值
再热蒸汽参数	再热蒸汽入口压力	p_2'	MPa	2.13
	再热蒸汽出口温度	t_2''	℃	569
	再热蒸汽出口压力	p_2''	MPa	2.23
	再热蒸汽喷水量	D_{ps}	t/h	0
	再热蒸汽喷水温度	t_{ps}	℃	180
	再热蒸汽喷水压力	p_{ps}	MPa	2.23

表 2-10　　　　　　　　　　　　50%负荷工况热平衡计算结果

参数	符号	单位	结果
燃料低位发热量	Q_{dw}	kJ/kg	18860.00
一次风冷风温度	t_{lk1}	℃	29
二次风冷风温度	t_{lk2}	℃	40
理论冷空气焓	H^0_{lk}	kJ/kg	251.70
炉膛出口过量空气系数	α''_1		1.32
炉膛漏风系数	$\Delta\alpha_1$		0.10
制粉系统漏风系数	$\Delta\alpha_{zf}$		0.00
空气预热器漏风系数	$\Delta\alpha_{ky}$		0.05
空气预热器进口空气量比	β'		1.25
燃料带入炉膛热量	Q_r	kJ/kg	18893.95
排烟温度	θ_{py}	℃	126.42
排烟处过量空气系数	α_{py}		1.32
排烟焓	H_{py}	kJ/kg	1278.67
排烟热损失	q_2	%	5.00
化学不完全燃烧热损失	q_3	%	0.00
机械不完全燃烧热损失	q_4	%	0.80
散热损失	q_5	%	0.33
灰渣物理热损失	q_6	%	0.00
锅炉热效率	η	%	93.87
保热系数	φ		1.00
锅炉有效利用热	Q_{yx}	kW	679145.82
燃料消耗量	B	t/h	137.85
计算燃料消耗量	B_j	t/h	136.75
烟气酸露点温度	t_1	℃	100.1

表 2-11　　　　　　　　　　　　50%负荷工况 ASME 热平衡计算结果

参数	符号	单位	结果	
			按高位发热量计算	按低位发热量计算
燃料高位发热量	Q_{gw}	kJ/kg	22323.80	
排烟温度（包括漏风）	θ_{py}	℃	126.42	
排烟温度（不包括漏风）	θ'_{py}	℃	129.39	

续表

参数	符号	单位	结果	
			按高位发热量计算	按低位发热量计算
干烟气热损失	L_G	%	3.99	4.71
燃料中氢生成的水分引起的热损失	L_{mH}	%	3.36	0.29
燃料中水分引起的热损失	L_{mH_2O}	%	2.61	0.23
气体燃料中水蒸气引起的热损失	L_{mH_2Ov}	%	0.00	0.00
空气中水分引起的热损失	L_{mA}	%	0.07	0.09
灰渣物理显热热损失	L_{RS}	%	0.03	0.04
未完全燃烧热损失	L_{UB}	%	0.50	0.59
表面辐射和对流热损失	L_β	%	0.17	0.20
其他热损失	L_O	%	0.30	0.35
锅炉热效率	η	%	88.97	93.49

表 2-12　　　　　　　　　　50% 负荷工况蒸汽调节参数（喷水减温器）

参数		符号	单位	数值
过热蒸汽调节	主蒸汽一级喷水量	W_{ps1}	t/h	42
	主蒸汽二级喷水量	W_{ps2}	t/h	42
	主蒸汽三级喷水量	W_{ps3}	t/h	—
	喷水温度	t_{ps}	℃	271.56
	喷水压力	p_{ps}	MPa	14.25
再热蒸汽调节	再热蒸汽一级喷水量	W_{ps1}	t/h	0
	再热蒸汽二级喷水量	W_{ps2}	t/h	—
	喷水温度	t_{ps}	℃	180
	喷水压力	p_{ps}	MPa	2.23
	旁通烟气份额	x		0.472

表 2-13　　　　　　　　　　50% 负荷工况受热面计算结果汇总（一）

受热面	计算受热面面积 A（m²）	进口烟温 θ'（℃）	出口烟温 θ''（℃）	工质进口温度 t'（℃）	工质出口温度 t''（℃）	烟气流速 w_y（m/s）	工质流速 w（m/s）
方形炉膛(有大屏)	6236.8	1769.0	957.2	271.5	271.6	—	—
冷灰斗水冷壁	767.1	—	—	271.6	311.5	—	—
燃烧器区域水冷壁	681.1	—	—	311.5	338.8	—	—
燃烧器上部水冷壁1	779.8	—	—	338.8	338.2	—	—
燃烧器上部水冷壁2	1136.8	—	—	338.2	337.8	—	—
燃烧器上部水冷壁3	53.0	—	—	337.8	337.6	—	—
屏区下部水冷壁	146.6	—	—	337.6	337.5	—	—
屏区上部水冷壁	700.3	—	—	337.5	338.9	—	—
分隔屏过热器	2665.0	—	—	373.3	509.1	—	—
炉膛内顶棚管过热器	254.8	—	—	338.5	341.6	—	—
后屏过热器	2573.3	957.2	810.0	470.8	571.1	3.98	11.18

续表

受热面	计算受热面面积 A（m²）	进口烟温 θ'（℃）	出口烟温 θ''（℃）	工质进口温度 t'（℃）	工质出口温度 t''（℃）	烟气流速 w_y（m/s）	工质流速 w（m/s）
后水冷壁吊挂管	71.3	810.0	803.7	337.6	345.6	4.31	15.92
高温再热器	2908.0	803.7	726.5	501.5	569.0	5.05	32.05
后竖井前墙吊挂管	130.7	726.5	718.5	345.5	362.2	4.70	14.53
垂直段再热器	2111.0	718.5	675.5	458.8	501.5	4.93	19.43
前转向烟室	499.2	675.5	661.6	—	—	4.85	—
一级水平低温再热器	5748.0	661.6	525.4	410.4	473.8	5.64	7.95
二级水平低温再热器	5968.0	525.4	427.9	343.2	390.5	5.38	12.34
三级水平低温再热器	5980.0	427.9	367.8	315.3	343.4	4.83	11.29
中隔墙吊挂管	128.8	661.6	651.8	345.5	354.1	2.10	14.08
垂直段过热器	1226.7	651.8	606.0	385.0	395.2	2.13	6.29
后转向烟室	823.8	606.0	570.7	—	—	2.00	—
水平低温过热器	6497.8	570.7	442.9	361.4	385.0	3.29	5.40
一级省煤器	8719.9	442.9	311.4	248.4	271.5	3.00	0.35
二级省煤器	8437.1	311.4	264.1	240.3	248.4	2.60	0.34
合烟挡板	—	319.2	319.2	—	—	—	—
SCR烟气脱硝装置	—	319.2	319.2	—	—	—	—

表 2-14　　　50%负荷工况受热面计算结果汇总（二）

受热面	传热温差 Δt（℃）	传热系数 k [kW/(m²·℃)]	传热量 Q_{cr}（kJ/kg）	吸热量 Q_{rp}（kJ/kg）	附加受热面吸热量 Q_{fj}（kJ/kg）	受热面工质吸热量 Q（kJ/s）
方形炉膛（有大屏）	—	—	—	10492.6	—	300261.47
冷灰斗水冷壁	—	—	1155.320	—	—	—
燃烧器区域水冷壁	—	—	1666.763	—	—	—
燃烧器上部水冷壁1	—	—	1761.651	—	—	—
燃烧器上部水冷壁2	—	—	2247.011	—	—	—
燃烧器上部水冷壁3	—	—	99.768	—	—	—
屏区下部水冷壁	—	—	101.291	—	—	—
屏区上部水冷壁	—	—	483.820	—	—	—
分隔屏过热器	—	—	2658.442	—	—	100893.33
炉膛内顶棚管过热器	—	—	176.048	—	—	6684.75
后屏过热器	348.1	0.077	1594.751	1579.0	232.9	63661.12
后水冷壁吊挂管	465.3	0.089	77.416	77.1	—	5337.42
高温再热器	222.1	0.046	787.508	782.3	135.0	29685.43
后竖井前墙吊挂管	368.6	0.076	96.283	95.8	—	3635.17
垂直段再热器	216.8	0.041	494.593	489.9	16.0	18598.78
前转向烟室	—	—	161.191	162.8	—	—
一级水平低温再热器	148.4	0.035	790.710	783.2	46.7	29721.27
二级水平低温再热器	107.9	0.033	554.071	550.5	26.5	20902.82
三级水平低温再热器	67.2	0.031	333.391	335.9	—	12759.84

续表

受热面	传热温差 Δt（℃）	传热系数 k [kW/(m²·℃)]	传热量 Q_{cr}（kJ/kg）	吸热量 Q_{rp}（kJ/kg）	附加受热面吸热量 Q_{fj}（kJ/kg）	受热面工质吸热量 Q（kJ/s）
中隔墙吊挂管	306.9	0.051	53.521	54.1	—	2049.21
垂直段过热器	238.8	0.032	244.045	244.4	8.5	9279.52
后转向烟室	—	—	187.927	190.8	—	9279.52
水平低温过热器	126.5	0.030	656.288	653.9	27.0	24836.79
一级省煤器	108.3	0.027	676.799	673.7	4.3	25590.09
二级省煤器	40.3	0.026	228.095	229.9	—	8734.37

三、30%负荷工况计算结果

30%负荷工况基本设计参数同样参考锅炉设计图纸中的热力计算汇总表。此外，30%负荷工况时燃用煤种与满负荷、50%负荷工况不一样，煤质参数及其他设计参数见表2-15、表2-16，热平衡计算结果等见表2-17～表2-21。

表 2-15　　　　　　　　　　30%负荷工况燃用煤成分（收到基）

参数	符号	单位	数值
碳（C）		%	48.74
氢（H）		%	3.32
氧（O）		%	8.74
氮（N）		%	0.81
硫（S）		%	1.03
灰分	A	%	32.06
挥发分	V	%	24.78
水分	W	%	5.3
低位发热量	Q_{dw}	kJ/kg	18473
变形温度	t_1	℃	1110
软化温度	t_2	℃	1150
熔化温度	t_3	℃	1190
煤的飞灰系数	ξ_{fh}		0.95

表 2-16　　　　　　　　　　30%负荷工况其他设计参数

参数		符号	单位	数值
锅炉设计参数	额定蒸发量	D	t/h	521.9
	额定工作压力	p	MPa	8.8
	过热蒸汽出口温度	t	℃	569
	给水温度	t_{gs}	℃	215.9
	给水压力	p_{gs}	MPa	9.3
	漏风温度	t_{lf}	℃	22
	一次风冷风温度	t_{lk1}	℃	27
	一次风热风温度	t_{rk1}	℃	208

续表

参数		符号	单位	数值
锅炉设计参数	一次风率	r_1	%	18.6
	二次风冷风温度	t_{lk2}	°C	50
	二次风热风温度	t_{rk2}	°C	283
	二次风率	r_2	%	81.4
	排烟温度	θ_{py}	°C	144
再热蒸汽参数	再热蒸发量	D_{zr}	t/h	455.7
	再热蒸汽入口温度	t_2'	°C	318.4
	再热蒸汽入口压力	p_2'	MPa	1.41
	再热蒸汽出口温度	t_2''	°C	533
	再热蒸汽出口压力	p_2''	MPa	1.35
	再热蒸汽喷水量	D_{ps}	t/h	0
	再热蒸汽喷水温度	t_{ps}	°C	165
	再热蒸汽喷水压力	p_{ps}	MPa	7

表 2-17　　　　　　　　　　　30%负荷工况热平衡计算结果

参数	符号	单位	结果
燃料低位发热量	Q_{dw}	kJ/kg	18473.00
一次风冷风温度	t_{lk1}	°C	27
二次风冷风温度	t_{lk2}	°C	50
理论冷空气焓	H^0_{lk}	kJ/kg	300.51
炉膛出口过量空气系数	α''_1		1.47
炉膛漏风系数	$\Delta\alpha_l$		0.17
制粉系统漏风系数	$\Delta\alpha_{zf}$		0.00
空气预热器漏风系数	$\Delta\alpha_{ky}$		0.05
空气预热器进口空气量比	β'		1.33
燃料带入炉膛热量	Q_r	kJ/kg	18496.12
排烟温度	θ_{py}	°C	134.54
排烟处过量空气系数	α_{py}		1.47
排烟焓	H_{py}	kJ/kg	1459.56
排烟热损失	q_2	%	5.58
化学不完全燃烧热损失	q_3	%	0.00
机械不完全燃烧热损失	q_4	%	0.43
散热损失	q_5	%	0.50
灰渣物理热损失	q_6	%	0.00
锅炉热效率	η	%	93.49
保热系数	φ		0.99
锅炉有效利用热	Q_{yx}	kW	440791.05
燃料消耗量	B	t/h	91.77
计算燃料消耗量	B_j	t/h	91.38
烟气酸露点温度	t_1	°C	96.4

表 2-18   30%负荷工况 ASME 热平衡计算结果

参数	符号	单位	结果	
			按高位发热量计算	按低位发热量计算
燃料高位发热量	Q_{gw}	kJ/kg	19826.31	
排烟温度（包括漏风）	θ_{py}	℃	134.54	
排烟温度（不包括漏风）	θ'_{py}	℃	137.29	
干烟气热损失	L_G	%	5.28	5.66
燃料中氢生成的水分引起的热损失	L_{mH}	%	3.93	0.33
燃料中水分引起的热损失	L_{mH_2O}	%	0.70	0.06
气体燃料中水蒸气引起的热损失	L_{mH_2Ov}	%	0.00	0.00
空气中水分引起的热损失	L_{mA}	%	0.10	0.10
灰渣物理显热热损失	L_{RS}	%	0.10	0.10
未完全燃烧热损失	L_{UB}	%	0.50	0.54
表面辐射和对流热损失	L_β	%	0.17	0.18
其他热损失	L_O	%	0.30	0.32
锅炉热效率	η	%	88.93	92.70

表 2-19   30%负荷工况蒸汽调节参数设置（喷水减温器）

参数		符号	单位	数值
过热蒸汽调节	主蒸汽一级喷水量	W_{ps1}	t/h	28
	主蒸汽二级喷水量	W_{ps2}	t/h	28
	主蒸汽三级喷水量	W_{ps3}	t/h	—
	喷水温度	t_{ps}	℃	241.86
	喷水压力	p_{ps}	MPa	9.28
再热蒸汽调节	再热蒸汽一级喷水量	W_{ps1}	t/h	0
	再热蒸汽二级喷水量	W_{ps2}	t/h	—
	喷水温度	t_{ps}	℃	165
	喷水压力	p_{ps}	MPa	7
	旁通烟气份额	x		0.405

表 2-20   30%负荷工况受热面计算结果汇总(一)

受热面	计算受热面面积 A（m²）	进口烟温 θ'（℃）	出口烟温 θ''（℃）	工质进口温度 t'（℃）	工质出口温度 t''（℃）	烟气流速 w_y（m/s）	工质流速 w（m/s）
方形炉膛（有大屏）	6280.2	1640.1	814.3	241.9	241.9	—	—
冷灰斗水冷壁	767.1	—	—	241.9	289.6	—	—
燃烧器区域水冷壁	681.1	—	—	289.6	304.8	—	—
燃烧器上部水冷壁1	779.8	—	—	304.8	304.7	—	—
燃烧器上部水冷壁2	1136.8	—	—	304.7	304.3	—	—
燃烧器上部水冷壁3	53.0	—	—	304.3	304.2	—	—
屏区下部水冷壁	146.6	—	—	304.2	304.1	—	—
屏区上部水冷壁	700.3	—	—	304.1	303.9	—	—
分隔屏过热器	2665.0	—	—	336.8	511.9	—	—

受热面	计算受热面面积 A（m²）	进口烟温 θ'（℃）	出口烟温 θ"（℃）	工质进口温度 t'（℃）	工质出口温度 t"（℃）	烟气流速 w_y（m/s）	工质流速 w（m/s）
炉膛内顶棚管过热器	254.8	—	—	303.9	305.3	—	—
后屏过热器	2573.3	814.3	679.4	461.9	569.6	2.50	11.47
后水冷壁吊挂管	71.3	679.4	672.7	303.2	315.1	2.70	17.95
高温再热器	2908.0	672.7	613.1	478.0	533.5	3.18	31.58
后竖井前墙吊挂管	130.7	613.1	604.9	312.2	340.2	2.97	15.82
垂直段再热器	2111.0	604.9	573.4	443.7	478.0	3.12	19.44
前转向烟室	499.2	573.4	558.8	—	—	3.08	—
一级水平低温再热器	5748.0	558.8	463.0	384.1	443.7	4.10	17.96
二级水平低温再热器	5968.0	463.0	398.8	344.7	384.1	4.06	12.54
三级水平低温再热器	5980.0	398.8	355.3	318.4	344.7	3.76	11.73
中隔墙吊挂管	128.8	558.8	547.7	311.2	324.8	1.14	15.42
垂直段过热器	1226.7	547.7	504.5	356.5	368.2	1.15	6.50
后转向烟室	823.8	504.5	466.0			1.08	
水平低温过热器	6497.8	466.0	377.0	335.6	356.5	1.79	5.72
一级省煤器	8719.9	377.0	260.8	221.5	241.9	1.67	0.21
二级省煤器	8437.1	260.8	228.0	215.9	221.5	1.46	0.21
合烟挡板		304.4	304.4				
SCR烟气脱硝装置	—	304.4	304.4	—	—		

表 2-21　　　　　　　30%负荷工况受热面计算结果汇总（二）

受热面	传热温差 Δt（℃）	传热系数 k [kW/(m²·℃)]	传热量 Q_{cr}（kJ/kg）	吸热量 Q_{rp}（kJ/kg）	附加受热面吸热量 Q_{fj}（kJ/kg）	受热面工质吸热量 Q（kJ/s）
方形炉膛（有大屏）	—	—		11177.1	—	215442.92
冷灰斗水冷壁	—	—	1219.587	—	—	—
燃烧器区域水冷壁	—	—	1759.481	—	—	—
燃烧器上部水冷壁1	—	—	1859.647	—	—	—
燃烧器上部水冷壁2	—	—	2372.007	—	—	—
燃烧器上部水冷壁3	—	—	105.318	—	—	—
屏区下部水冷壁	—	—	122.300	—	—	—
屏区上部水冷壁	—	—	584.168	—	—	—
分隔屏过热器	—	—	2745.534	—	—	69727.61
炉膛内顶棚管过热器	—	—	212.562	—	—	5399.43
后屏过热器	208.1	0.078	1445.650	1439.0	280.6	39155.71
后水冷壁吊挂管	366.9	0.082	84.375	83.9	—	4454.33
高温再热器	128.6	0.041	603.420	601.5	140.8	15354.95
后竖井前墙吊挂管	282.8	0.070	102.594	102.7	—	2606.48
垂直段再热器	128.2	0.035	370.380	368.4	16.0	9413.86
前转向烟室	—	—	176.325	178.6		

受热面	传热温差 Δt（℃）	传热系数 k [kW/(m²·℃)]	传热量 Q_{cr}（kJ/kg）	吸热量 Q_{rp}（kJ/kg）	附加受热面吸热量 Q_{fj}（kJ/kg）	受热面工质吸热量 Q（kJ/s）
一级水平低温再热器	95.9	0.030	643.355	643.1	43.7	16292.17
二级水平低温再热器	65.8	0.028	429.468	426.6	27.2	10815.88
三级水平低温再热器	45.0	0.027	284.565	286.1	—	7262.45
中隔墙吊挂管	235.2	0.046	54.545	54.5	—	1382.81
垂直段过热器	163.8	0.026	206.464	205.2	7.9	5191.98
后转向烟室	—	—	182.317	185.9	—	—
水平低温过热器	70.0	0.023	409.955	406.0	19.0	10305.19
一级省煤器	77.7	0.020	536.885	540.8	—	13726.62
二级省煤器	23.2	0.019	145.151	144.4	—	3665.04

四、不同工况计算结果对比分析

图 2-5 所示为不同负荷工况下机组排烟温度的试验数据和计算结果对比。从图 2-5 可以看出，试验数据与计算结果整体趋势一致，随着负荷降低，排烟温度呈现先降低后升高趋势，可以验证计算结果合理有效。50%负荷工况排烟温度大幅低于满负荷工况，30%负荷工况排烟温度略低于满负荷工况。

图 2-6 所示为不同负荷工况下机组的锅炉效率对比，可以看出 100%负荷时锅炉效率最高，随着负荷降低，锅炉效率同样逐渐降低。其中 100%负荷的锅炉效率计算值与锅炉设计值通过验证基本一致。50%负荷工况与 100%负荷工况燃用同种煤种，可以很好地进行对比。在图 2-5 中，50%负荷工况的排烟温度远低于满负荷工况，排烟热损失远低于满负荷工况，但是在图 2-6 中其效率却略低于满负荷工况，这说明降低负荷时锅炉其他热损失增大。

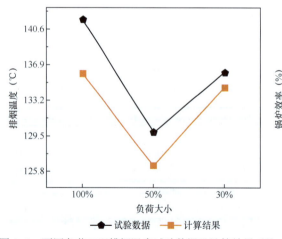

图 2-5　不同负荷工况排烟温度试验数据及计算结果对比

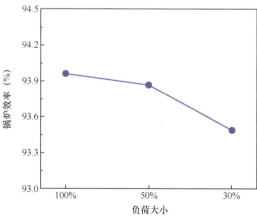

图 2-6　不同负荷工况的锅炉效率

对于本试验中 50%负荷工况，其机械不完全燃烧热损失 q_4 大于满负荷工况，导致锅炉整体效率偏低。而 30%负荷工况的排烟温度与满负荷工况接近，略低于满负荷工况，因为其他热损失设定值接近，锅炉效率也低于满负荷工况。

而当负荷从 50%降到 30%时，影响锅炉效率因素有很多。两个低负荷工况燃用煤种不同，内部燃烧反应十分复杂，难以比较。从图 2-5 和图 2-6 可以发现并非高排烟温度、高排烟热损失就对应低锅炉效率，在实际降负荷过程中哪种情况的效率损失更大，无法得出结论。

图 2-7 所示为不同负荷工况的 SCR 脱硝装置温度对比，从图中可以看出，随着负荷降低，SCR 脱硝装置温度逐渐降低。而 SCR 脱硝装置内部进行脱硝反应时需要催化剂进行催化，催化剂保持活性需要一定的温度，因此当 SCR 脱硝装置温度偏低时，脱硝反应速率将会大幅降低，这也从侧面说明了为什么机组低负荷运行时，NO_x 的生成量高于满负荷。在超低负荷工况下，SCR 脱硝装置运行面临更大挑战。

图 2-8 所示为不同负荷工况的省煤器出口烟温对比。给水第一步进入烟道，就与省煤器烟道烟气进行对流换热，进行工质预热的过程。当给水温度与省煤器烟道烟气温度差距越大，换热效率越高，因此在一定范围内，省煤器出口烟温度越高，预热效果越好。

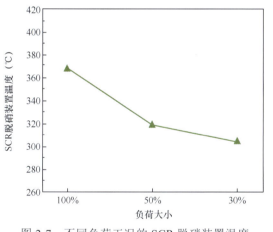
图 2-7 不同负荷工况的 SCR 脱硝装置温度

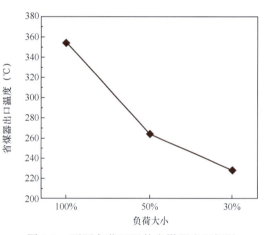
图 2-8 不同负荷工况的省煤器出口烟温

从图 2-8 可以看出，满负荷工况的省煤器出口烟温远高于低负荷工况，此时换热效率最佳，锅炉效率最佳，有效减少燃料消耗量。随着负荷降低，省煤器出口烟温大幅降低，换热效率逐渐减小。在 30%负荷工况时，省煤器出口烟温与给水温度差距较小，此时工质预热程度低，为得到高温蒸汽，需要增加燃料消耗量，经济性大幅降低。

五、结论

将满负荷热力计算结果与锅炉设计热力计算书数据对比，保持基本参数与设计书中一致，包括风率、风温等参数，而煤质参数为现场试验测得数据。计算得到锅炉效率大小一致，各项热损失相近，其他参数同样根据计算得到。可以验证本试验热力计算结果合理有效。

三种工况计算中除了存在蒸汽流量、工质压力等参数的差异，在再热蒸汽温度调节方面，旁通烟气份额数值也有很明显的差距。满负荷时该数值最大，随着负荷逐渐降低，需要调整烟气挡板开度，使得低负荷工况下的旁通烟气份额减小，让再热蒸汽温度升高至设定的温度。

分析计算结果发现：

（1）随着负荷降低，排烟温度先大幅降低再逐渐增大，说明在极低负荷下，排烟热损失不减反增。

（2）锅炉效率大小与排烟温度大小变化并不一致，受其他热损失影响，呈现锅炉效率随着负荷降低逐渐降低的趋势。

（3）SCR 脱硝装置温度随着负荷减小逐渐降低，对应脱硝速率逐渐减小，说明低负荷工况下 SCR 系统运行面临挑战，对应低负荷时 NO_x 排放量偏高。

（4）省煤器出口烟温逐渐降低，低负荷工况下工质与烟气温差偏小，二者换热效率低，工质预热效果差，对应锅炉热效率偏低，需要增加燃煤量，机组经济性降低。

第三章　燃煤电厂深度调峰水动力计算技术

本章主要以一台 600MW 燃煤机组为例，对锅炉深度调峰下的水动力计算进行了研究，包括不同负荷下水冷壁压降、壁温分布规律、流量分布的规律，为现场开展深度调峰技术改造提供了基础数据。

第一节　水动力计算概述

垂直并联管组作为一种较为常见的换热装置，以其结构简单、流动阻力小且具有较强的变压运行适应能力等优点被广泛应用于燃煤电厂锅炉水冷壁等设备中。近年来，随着我国电网负荷峰谷差增大，使得电网在负荷低谷时燃煤电厂锅炉机组调峰深度加强，超（超）临界锅炉机组在运行过程中的热效率及经济性明显降低。与此同时，锅炉机组的频繁调峰使得垂直并联管组水冷壁自身热敏感性增强，水动力稳定性降低，进而导致锅炉水冷壁超温爆管等事故的发生，严重影响锅炉机组运行的安全性。现有相关研究表明，通过利用垂直并联管组在低质量流速下的自补偿特性以减轻因管组热负荷偏差所导致管间的温度偏差和流量偏差，进而有效改善并联管组水动力特性。然而国内外现有相关研究仅对垂直并联管组流量分配特性进行简单描述和理论分析，少有相关研究结合工程实际计算分析并联管组流量分配机理。朱晓静等仅从实验方面对垂直内螺纹并联管组工质质量流量分配进行分析研究，并未建立完备的数学计算模型加以佐证。马本峰等对某 300MW 机组 UP 型直流锅炉运行过程中所出现的"四管"爆漏问题分析得出，由于该锅炉局部所受热负荷过高加之各种客观因素造成锅炉运行出力不足，长期处于不稳定运行，使得高负荷区水冷壁管内工质质量流速低，管壁所受热负荷与管内工质匹配性差，从而造成水冷壁超温爆管事故的发生。杨冬等采用流动网格系统法建立了超（超）临界锅炉水冷壁流量及壁温计算模型，研究分析得出 BMCR 负荷工况时下炉膛前墙质量流速分布与电厂实际运行结果具有良好的匹配性。Tucakovic 等结合汽包锅炉水循环对内螺纹管水冷壁的安全运行进行研究分析。周旭等研究分析了中等质量流速下超临界循环流化床锅炉水冷壁流量分配特性，研究结果表明在亚临界低负荷区域采用低质量流速技术可使得水冷壁管内工质流量分配呈现较好的正响应特性。张大龙等分别比较了超临界下光管和内螺纹管在各典型热负荷下的安全性能。

第二节　计　算　过　程

一、计算流程

试验锅炉概况、主要参数、设计煤种、校核煤种、水冷壁布置等与第二章所述一致，此处不再赘述。水动力计算过程大致分为五个步骤，如图 3-1 所示。

（1）划分回路与管段。

（2）确定热负荷分布。

（3）建立非线性模型。

（4）非线性方程组求解。

二、水冷壁管参数采集

根据锅炉水冷壁布置图纸，将水冷壁按前墙、后墙、左侧墙与右侧墙进行划分，并按照实际情况获取其相关参数，包括尺寸参数与布置参数，见表 3-1。

表 3-1　　　　　　　　　　　　　　水冷壁管参数

尺寸参数	布置参数
管子直径	联箱引入和引出管排数
管子长度	管子倾角
内螺纹及其管内粗糙度	弯管布置方式
弯头半径和角度	位置参数（处于锅炉相对位置，包括高度和宽度）
节流圈长度和半径	归属墙体
三通分支角度与通流面积	管间距

按照不同的长度将水冷壁管划分成若干小管段，在炉膛热负荷变化剧烈或物性变化较大的部位管段划分密集，对应管段的长度较短，而在远离煤粉燃烧器的管段划分可以稀疏，对应的管段较长。

对于同一水冷壁区域内具有相同管子结构布置的管子，可在某一小区域的相对宽度内取处于中部位置的管子，近似认为附近范围内的管子具有相同的水动力特性，以减少方程数，简化计算。简化后的水冷壁系统如图 3-2 所示。

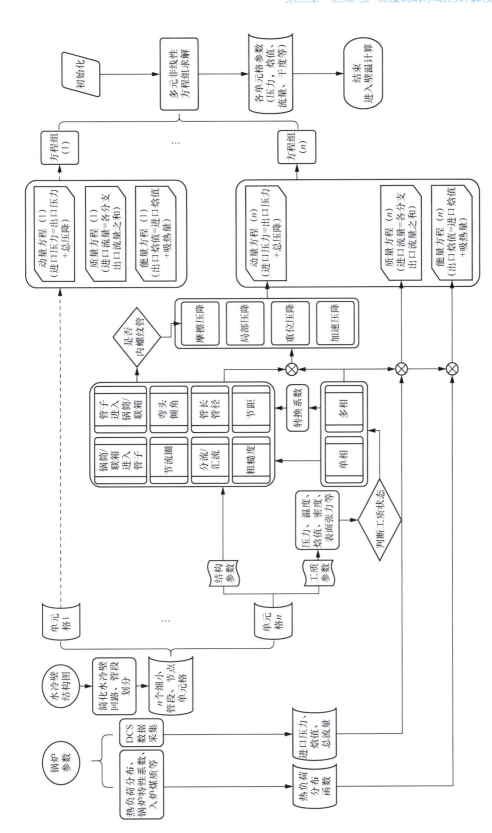

图 3-1　水动力计算系统流程图

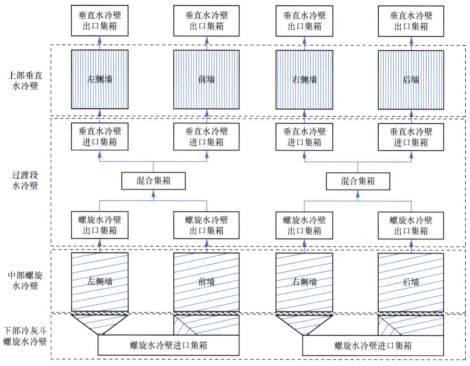

图 3-2　水冷壁系统简化图

第三节　结　果　分　析

一、水冷壁压降

螺旋水冷壁进口压力设定为 10.0MPa，计算得到螺旋水冷壁过渡段出口集箱压力为 9.633MPa，因此，在 180MW 负荷下在螺旋水冷壁部分的压降为 0.367MPa，在 216MW 负荷下螺旋水冷壁压降为 0.461MPa，随着热负荷的减小，总流量减小，系统的压降也随之减小。

垂直水冷壁进口压力为 9.630MPa，计算得到的上部出口集箱压力为 9.524MPa，因此，在 180MW 负荷下在垂直水冷壁部分的压降为 0.106MPa。

二、水冷壁温度分布

螺旋水冷壁的进口温度为省煤器出口温度，取值为 280℃，给水在螺旋水冷壁吸热的温度分布如图 3-3 所示。

工质从底部进口集箱进入螺旋水冷壁，其相变线见图 3-3 中画圈处，通过计算可以看出相变发生在冷灰斗水冷壁中部高度位置，沿宽度方向分布比较均匀，进入相变线以上温度区域为饱和温度，沿高度方向随着压力的下降饱和温度略有降低，在螺旋水冷壁出口工质未能完全汽化，出口温度为 308.25℃，两相混合物进入过渡段集箱混合后通过垂直段进口集箱进入垂直水冷壁。

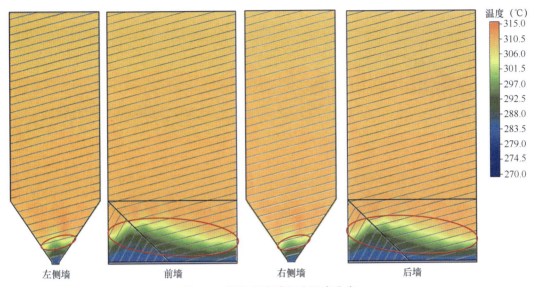

图 3-3　螺旋水冷壁部分温度分布

垂直水冷壁的入口温度为螺旋水冷壁的出口温度，其温度分布如图 3-4 所示，其出口温度如图 3-5 所示。由于垂直水冷壁工质进入的方式为每三根水冷壁管一组，中间一根进入高度较两边管子高 0.886m，如图 3-6 所示，因此该管长度较短，受热面小，出口温度比其两边的水冷壁管平均低约 8℃。根据热负荷曲线，同一高度下垂直水冷壁中部温度分布较两边高，而前墙的垂直水冷壁出口温度要高于两侧墙，前墙平均出口温度为 342.54℃，最高出口温度为 356.82℃，两侧墙平均出口温度为 323.14℃，最低出口温度为 314.47℃，不同墙体间气温偏差最高为 42.35℃。

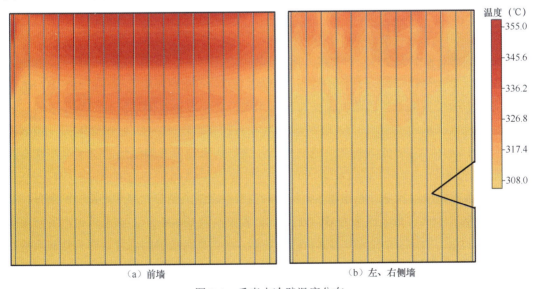

图 3-4　垂直水冷壁温度分布

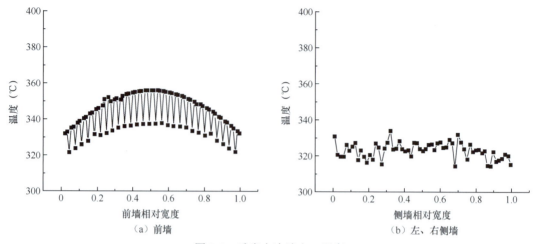

图 3-5　垂直水冷壁出口温度

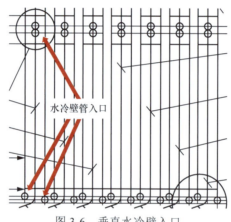

图 3-6　垂直水冷壁入口

三、水冷壁流量分布

受不同回路管子长度的差别及弯头等局部阻力所在位置的影响，各并联回路的摩擦阻力各不相同，进而影响不同管子之间的流量分配。螺旋水冷壁出口各墙流量分布如图 3-7 所示。

螺旋水冷壁各墙管子回路流量分布较为均匀，其中左、右侧墙流量平均高于前、后墙，各管最大流量为 0.337kg/s，最小流量为 0.312kg/s，二者偏差为 0.025kg/s，侧墙流量分布呈中间高、两端低，而前后墙则相反，这与其从进口集箱流出的管子呈左密右疏的分布有关。

垂直水冷壁出口流量分布如图 3-8 所示，前墙水冷壁流量分布呈中间高、两端低，最低流量为 0.071kg/s，最高流量为 0.119kg/s，二者偏差为 0.048kg/s，偏差较大，各管流量整体偏低，这是由于总给水量在超低负荷下较低，而垂直水冷壁的总管数约为螺旋水冷壁的 3 倍。侧墙水冷壁流量分布偏差较大，在折焰角处部分管子有一段长度在炉外无法受热，导致流量较低，最低流量为 0.074kg/s，最高流量为 0.158kg/s，二者偏差达 0.084kg/s。

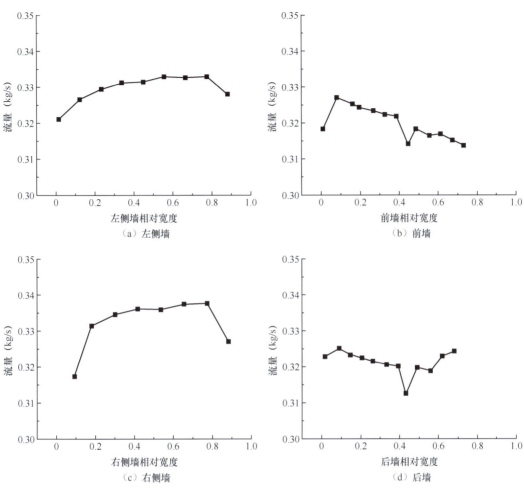

图 3-7 螺旋水冷壁出口流量分布

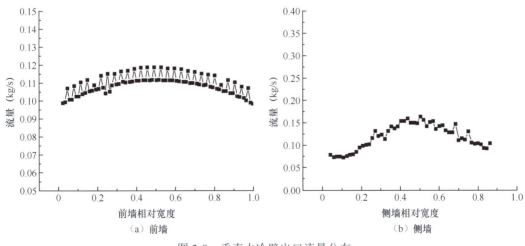

图 3-8 垂直水冷壁出口流量分布

四、结论

（1）在 180MW 的超低负荷下，螺旋水冷壁部分进口给水压力为 10.0MPa，计算得到其出口压力为 9.633MPa，压降为 0.367MPa；垂直水冷壁进口压力为 9.630 MPa，计算得到的上部出口集箱压力为 9.524MPa，压降为 0.106MPa，水冷壁总压降为 0.473MPa。

（2）在螺旋水冷壁出口工质为两相状态，出口温度为 308.25℃，前墙的垂直水冷壁出口温度要高于两侧墙，前墙平均出口温度为 342.54℃，最高出口温度为 356.82℃，两侧墙平均出口温度为 323.14℃，最低出口温度为 314.47℃，不同墙体间最大气温偏差为 42.35℃。

（3）螺旋水冷壁各墙管子回路流量分布较为均匀，其中左、右侧墙流量平均高于前、后墙，各管最大流量为 0.337kg/s，最小流量为 0.312kg/s，二者偏差为 0.025kg/s。垂直水冷壁流量整体偏低，前墙水冷壁流量分布呈中间高、两端低，最低流量为 0.071kg/s，最高流量为 0.119kg/s，二者偏差为 0.048kg/s，偏差较大，侧墙水冷壁流量分布偏差较大，在折焰角处部分管子有一段长度在炉外无法受热，导致流量较低，最大偏差为 0.084kg/s。

第四章　燃煤电厂深度调峰下数值模拟技术

本章主要以一台 600MW 燃煤机组为例，对锅炉深度调峰下的数值模拟进行了研究，包括不同负荷下锅炉数值模拟、数值模拟结果对比分析，为现场开展深度调峰技术改造提供了基础数据。

第一节　数值模拟概述

随着我国发电量的逐渐上升，我国发电技术和发电事业正在飞速发展。国内投产了一大批超临界和超超临界燃煤发电机组，而这些机组采用的燃烧器主要型式为直流燃烧器和旋流燃烧器两种。由于在四角切向燃烧锅炉内旋转上升气流由炉膛进入对流烟道时存在较强的残余旋转，引起对流烟道两侧的烟速差和烟温差，使得烟道内热负荷分布不均匀，因此超临界和超超临界锅炉机组逐渐以旋流燃烧器作为其首选。

在超临界或超超临界锅炉机组中常采用分级送风来调节燃烧，从而达到低 NO_x 燃烧。而针对采用旋流燃烧器的锅炉炉内燃烧方式的研究，现场试验测量（或搭建试验台）受限于高温条件和负荷波动频繁等，很难选择理想的工况和测点，测量周期较长，费用高，且在各种因素干扰下，很难得到准确的数据。随着基于商用流体力学软件 CFD（computational fluid dynamics）的发展，其现已能准确高效地指导工程实际问题。基于 CFD 的数值模拟能够以相对较低的成本和较短的周期，广泛地设定所需参数，得到不同参数下的炉内速度场、温度场和组分场，从而能够快速开展相关实验。

燃煤电厂排放的烟气中污染物种类众多，其中 NO_x 可以通过调整燃烧特性来削减其排放量。燃煤锅炉中的 NO_x 生成主要有三种：热力型 NO_x、快速型 NO_x、燃料型 NO_x。对于燃煤锅炉来说，通常燃料型 NO_x 占 70%～85%，热力型 NO_x 占 15%～25%，而快速型 NO_x 量很少，一般可以忽略不计。热力型 NO_x 的形成是由于 N_2 在燃烧室被空气中的氧氧化的结果，其反应机理如下

$$O + N_2 \rightarrow NO + N$$

$$N + O_2 \rightarrow NO + O$$

$$N + OH \rightarrow NO + H$$

燃烧温度、氧气体积分数、氮气体积分数及气体在燃烧区域的停留时间对热力型 NO_x 生成影响较大，而且燃料型 NO_x 是由燃料中氮的有机化合物在燃烧中氧化形成的，也与燃烧条件有关，因此可以从较广泛的角度对上述两种类型 NO_x 的生成进行抑制。而快速型 NO_x 是在碳氢化合物过浓时燃烧产生的，因此较难控制，加之燃煤锅炉中生成量少，可以忽略其影响。

与常规燃烧相比，多级分级燃烧比单级燃烧更能有效地降低 NO_x 排放，因此我国已经投运的超临界和超超临界低氮燃烧锅炉机组绝大部分均采用空气分级燃烧，即分级送风技术。而热力型 NO_x 在温度低于 1500℃时的生成量可以忽略不计，燃料型 NO_x 的生成也与炉内的高温环境有关，且在 O_2 体积分数高、CO 体积分数低的区域内，两者的生成量均会增加，因此为与低 NO_x 锅炉机组适配，要求燃烧器可以将着火区燃烧温度、O_2 体积分数控制在较低水平以抑制 NO_x 生成。而旋流燃烧器在旋流风内部会形成两个明显的回流区域，回流区域的出现更加充分地让煤粉与气流混合，防止燃烧器附近出现高温，同时稳定煤粉的燃烧。

对旋流燃烧器低氮燃烧进行数值模拟的过程中，李道林等人认为在燃煤锅炉低氮燃烧的数值模拟中，由于燃烧产物中有众多的气体生成且 NO_x 只占其中的一小部分，因此其生成对数值模拟的温度场和速度场没有较大的影响，可以待热态收敛后再模拟 NO_x 的生成。徐启等人和刘鹏宇等人基于 Fluent 模拟了 DBC-OPCC 旋流燃烧器，得到了燃烧器出口附近处有轴向中央回流区和两边切向回流区，具有实现燃料粒子快速引燃和平稳燃烧的良好空气动力场，并得出燃烧过程中应避免二次风速低于一次风速的现象。基于此模拟，徐启等人对同一个燃烧器进行了低氮燃烧特性的模拟，认为 NO_x 分布整体沿燃烧室轴向方向为先增大后减小，沿径向中间高两边低，NO_x 受喷口强还原氛围影响体积分数较低；燃烧器喷口处形成了高煤粉质量分数、高 CO 质量分数、较高湍流速度以及较低氧量供应的"三高一低"区域，该区域可以通过有效增强 NO_x 的还原来降低其排放。而只增加 O_2 体积分数对 NO_x 却有促进作用。茅建波等人同样基于 Fluent 对 OPCC 型旋流燃烧器进行了数值模拟，发现通过增加送入炉膛的风量来提升 O_2 体积分数，有利于煤粉完全燃烧，但对平均温度影响较小，因此热力型 NO_x 生成量变化不大，燃料型 NO_x 生成量却与之成正比，整体 NO_x 含量增加；此外，增大 O_2 体积分数造成 NO_x 生成量升高的同时 CO 含量大幅降低，从而得出 CO 体积分数与 NO_x 生成有密切关系。李德波等人和王松浩等人在对应用旋流燃烧器的超临界压力锅炉进行低氮燃烧数值模拟时得出第二层旋流燃烧器上部的 NO_x 体积分数较高，是由于较高质量分数的煤粉释放出较多的氮氧化物和 CO，产生了还原性气氛，对 NO_x 的生成有抑制作用。同时，通过数值模拟分析可知，空气与主火焰在燃烧起始阶段尽早以极强烈地混合极大地制约了 NO_x 的生成，是未来降低 NO_x 排放的一个研究方向。

　　追求更节能、更环保的燃烧方式及实现更低的 NO_x 排放固然符合我国能源政策，但过低的 NO_x 排放燃烧方式会引入诸如水冷壁高温腐蚀、飞灰含碳量高、燃烧器烧损等其他燃烧问题，制约燃煤电厂绿色、平稳及高效运行，需要综合考虑所有的影响因素。

　　目前，研究者在对旋流燃烧器或采用旋流燃烧前、后墙对冲布置的燃煤机组进行数值模拟时，在焦炭燃烧模型中普遍采用动力/扩散控制反应速率模型，该模型选择忽略包裹在焦炭外表面灰层对焦炭燃烧的影响，则空气不必穿过灰层再与焦炭进行燃烧反应，因此基于该模型对焦炭燃烧的 Fluent 模拟往往比工程实际中要更快，导致数值模拟与工程实际中炉膛出口烟温的误差始终在 10% 左右，不能够进一步地缩小。

第二节　锅炉数值模拟建模方法

一、三维模型

　　根据第二章所述某电厂 600MW 机组 1、2 号锅炉的设计图纸，使用 SOLIDWORKS 三维建模软件按照比例 1:1 建立三维模型。由于该锅炉采用前后对冲燃烧方式，在前、后墙各布置有上、中、下三层燃烧器，每层 6 只燃烧器，总共 36 只燃烧器。此外，在燃烧器上方布置有 16 只燃尽风（OFA）风口，前、后墙分别各包括中间的 6 只燃尽风风口与两侧的 2 只侧燃尽风风口。

　　该锅炉选用的燃烧器为 HT-NRB 旋流燃烧器，流经该燃烧器燃烧的空气被分为三股：直流一次风、直流二次风和旋流二次风。图 4-1 所示为 HT-NR3 燃烧器的示意图，图 4-2 所示为 HT-NR3 燃烧器的三维模型。

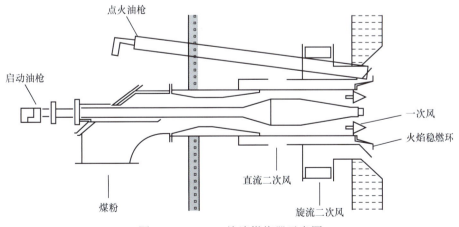

图 4-1　HT-NR3 旋流燃烧器示意图

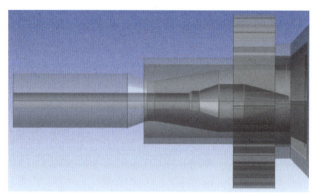

图 4-2 HT-NR3 旋流燃烧器三维模型

二、工况及煤质参数

满负荷工况中投入使用的燃烧器为 30 只，因此本模型对前墙三层燃烧器全开，后墙中、下层燃烧器全开，上层燃烧器全关三种工况进行模拟。

入口设置包括燃烧器、燃尽风的各类风入口，流速设置见表 4-1，数据由相应配风比计算得到。出口设置为压力出口，数值选取–100Pa。设置燃烧器区域及其上部为 800K 的等温边界条件，其余流域壁面设置为绝热边界条件。另外，进出口边界条件的 DPM 选项设置为 escape，冷灰斗壁面边界条件的 DPM 选项设置为 trap，其他壁面边界条件的 DPM 选项设置为 reflect。

表 4-1 风速设置

参数	单位	数值
燃烧器一次风风速 W_1	m/s	22.21
燃烧器二次风风速 G_2	kg/s	12.43
燃尽中心风风速 V_{r1}	m/s	25.10
燃尽二次风风速 G_{r2}	kg/s	8.58
侧燃尽中心风风速 V_{cr1}	m/s	34.44
侧燃尽二次风风速 G_{cr2}	kg/s	6.49
一次风温	K	350.15
二次风温	K	614.15

煤质的工业分析及元素分析根据某公司出具的煤质报告再进行转换计算得到。该报告检测的样品为锅炉实际运行时使用的煤样，计算所用煤质参数见表 4-2。

表 4-2 煤质元素分析及工业分析

参数	单位	数值
全水分 M_t	%	22.3
分析水分 M_{ad}	%	13.43

参数	单位	数值
灰分 A_{ad}	%	13.38
挥发分 V_{ad}	%	32.01
碳	%	50.56
氢	%	3.20
氧	%	10.68
硫	%	0.57
低位发热量 $Q_{net,ar}$	kJ/kg	18860

第三节　数值模拟结果分析

一、冷态结果

对于复杂的燃烧过程，先计算冷态模型可以为后续的化学反应过程计算提供可靠的速度解。冷态 2000 步结果如图 4-3 和图 4-4 所示，从图中可以看出，中、下层燃烧器均呈现很好的对冲效果，前、后墙的一、二次风喷入炉膛以后在炉膛中心相会，融合后一起向炉膛上部流动。

对于上层燃烧器，由于只开了前墙一侧燃烧器，没有出现对冲融合的情况，在进入炉膛后直接向炉膛上部分流动。另外，燃尽风也呈现出很好的对冲效果。

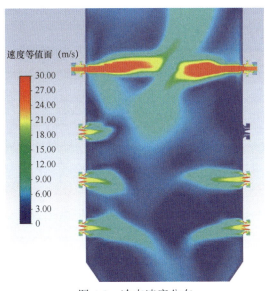

图 4-3　冷态速度分布

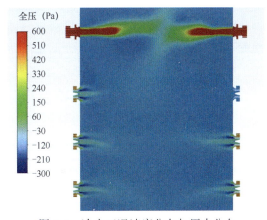

图 4-4　冷态工况速度分布与压力分布

二、燃烧结果

（一）速度场结果

图 4-5 所示为上层燃烧器与下层燃烧器截面速度分布，从图 4-5（a）可以很明显地看出，后墙未开燃烧器部分没有流体流入，流速趋近于 0。前墙燃烧器速度场呈现正常速度场分布状态。与之相对比的是下层燃烧器，下层燃烧器的一、二次风经过燃烧器正常流入炉膛，在炉中心形成很好的对冲效果。

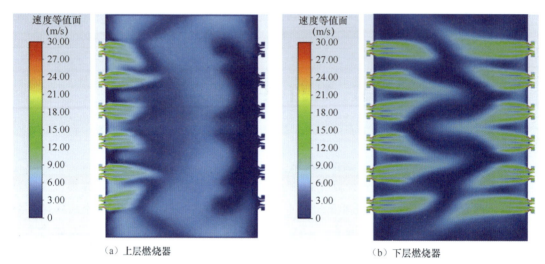

（a）上层燃烧器　　　　　　　　　　　　　　（b）下层燃烧器

图 4-5　上层燃烧器与下层燃烧器截面速度分布

另外，下层比较明显的特点是经过后墙燃烧器进入炉膛的速度分布大小整体略高于前墙侧，考虑是因为后墙上层燃烧器关闭，减少了对附近流场的扰动，给予中、下两层炉膛部分的流动更多发展的空间。

而对于中层燃烧器与下层燃烧器的速度场分布来说，从图 4-6 可以看出，中层燃烧器截面速度整体小于下层燃烧器截面。考虑仍是因为后墙上层燃烧器未开，使得中层燃烧器部分流体无论是流动，还是进行燃烧反应，都拥有更大的空间，更多的流体混合物向上方空间运动，不止向炉膛中心运动，对应着炉膛中心速度更小，内部流体湍流度更高。

如图 4-7 所示，对于下层燃烧器来说，由于相邻燃烧器旋流方向相反（顺时针或逆时针），相邻燃烧器的速度场就会呈现出流速方向相反的情况。

另外，从图 4-8 所示速度场分布结果可以看出，热态速度场结果与冷态计算速度场结果类似，两者的有一定差别的主要原因是由于煤粉离散相的加入，且存在燃烧反应、辐射传热等因素，使得流动更加复杂化，整体流速大小也增大。

（二）温度场结果

模拟得到的温度场分布能较好地反映炉内煤粉的燃烧状况，可以为电厂运行人员调整燃烧反应提供参考，还可以根据炉膛温度场分析水冷壁侧墙产生高温腐蚀的原因。

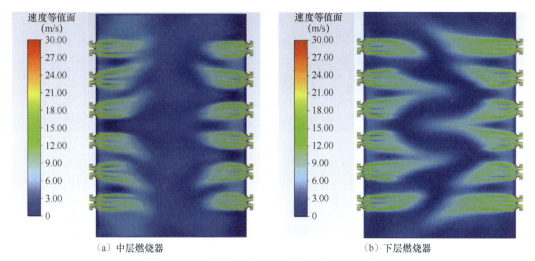

（a）中层燃烧器　　　　　　　　　　　（b）下层燃烧器

图 4-6　中层燃烧器与下层燃烧器截面速度分布

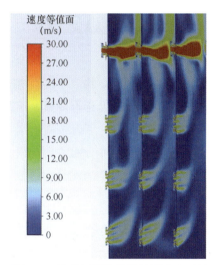

图 4-7　垂直切面的炉膛速度分布对比

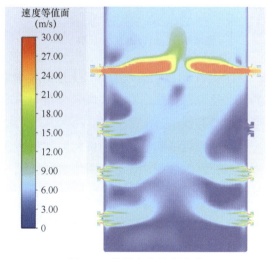

图 4-8　炉膛中心速度分布

如图 4-9、图 4-10 所示，该锅炉烧主燃区平均温度达 1700K 以上，煤粉在此区域燃烧程度较为剧烈，煤粉从旋流燃烧器喷后在一次风与外二次风之间的回流区发生燃烧；燃尽区主要是主燃区未燃尽碳和主燃区不完全燃烧生产的 CO，燃烧温度相较于主燃区较低；冷灰斗区域温度较低，平均温度为 1000K 以下，烟气温度经过燃尽区后沿炉膛高度方向迅速降低。

由于相邻旋流燃烧器有高温回流区，对煤粉可以起到点燃作用，因此旋流燃烧器的稳燃效果较好，且旋流燃烧器的高温火焰一直延伸到炉膛中央，其中，下层旋流燃烧器喷出的煤粉有一部分在炉膛冷灰斗处的回流区稳定燃烧，中层旋流燃烧器的煤粉燃烧火焰在对冲后往上升与上层旋流燃烧器的火焰相遇，上层旋流燃烧器的煤粉燃烧火焰在对冲后则与燃尽风相遇，煤粉最终在燃尽风与折焰角之间的区域燃尽。

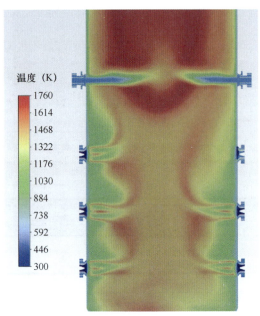
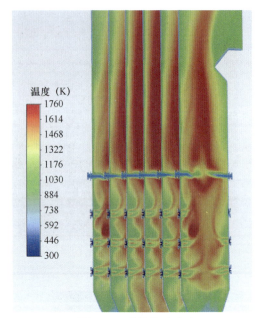

图 4-9　主燃区温度分布图　　　　　　图 4-10　整体温度分布

从图 4-11 可以很直观看到，上层燃烧器截面由于燃烧反应的发生，中、下层高温烟气的流动及辐射传热，温度极高且分布非常均匀，中层及下层的均匀度逐渐降低，平均温度也逐渐降低。

同样，也可以观察到不同旋向的旋流燃烧器对应的炉膛区域的温度分布方向相反，形成相应的回流区域，促进相邻燃烧器气流、燃烧反应过程、燃烧产物的汇合，达到理想的对冲效果。

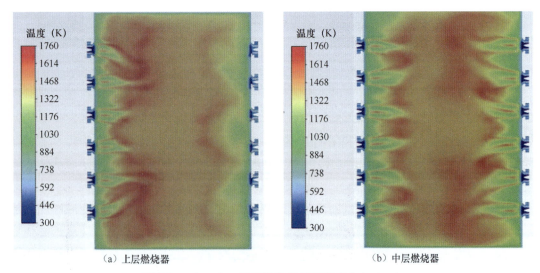

（a）上层燃烧器　　　　　　　　　　（b）中层燃烧器

图 4-11　上、中、下层燃烧器截面温度分布（一）

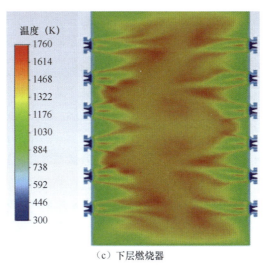

（c）下层燃烧器

图 4-11　上、中、下层燃烧器截面温度分布（二）

（三）组分浓度分布

O_2 浓度分布图 4-12 所示，主燃区蓝色部分 O_2 浓度趋近于 0，说明此处进行了燃烧反应，消耗了大部分 O_2，也说明了燃烧反应在炉膛中心处进行。燃尽区域同样 O_2 浓度低，燃尽度较高，燃尽风的补充促进煤粉燃尽。同时，上、下层燃烧器间 O_2 浓度较高，是因为相邻两层燃烧器之间的区域没有煤粉燃烧消耗氧气，说明两者之间无明显耦合湍流运动。

煤粉燃烧不完全时，或煤粉燃烧的第一步反应会生成 CO，大部分 CO 存在于燃烧器附近，到燃尽区基本完全氧化完毕，如图 4-13 所示。因为上下相邻燃烧器之间无明细耦合湍流运动，所以生成的 CO 会向炉膛中心流动后，再向上流动，接触到充足的氧气之后，发生完全氧化，相应的 CO 浓度降低，直至燃尽。

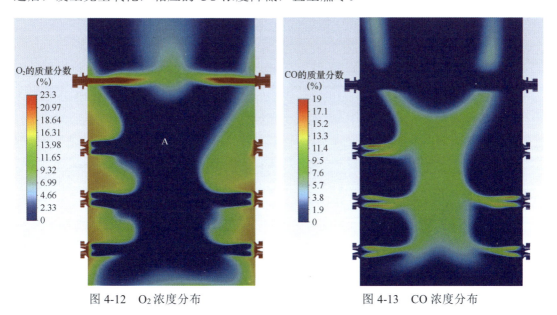

图 4-12　O_2 浓度分布　　　　　图 4-13　CO 浓度分布

对于未开的后墙上层燃烧器下方的中层燃烧器来说，由于上方不存在煤粉射流及气流的速度流入，是一个可以完全发展流动的空间，这部分燃烧器区域生成的 CO 就会大量向上扩散流动。

图 4-14 所示为 CO_2 浓度分布，主燃区 CO_2 浓度高，此处燃烧反应最为剧烈；燃尽区的 CO_2 浓度同样较高，因为供给充足的 O_2 将 CO 完全氧化为 CO_2。图 4-12、图 4-13 及图 4-14 三者对应性极佳，消耗 O_2 燃烧生成 CO_2，O_2 浓度高的地方则 CO 浓度低。

如图 4-15 所示，炉膛中的 SO_2 在温度高的区域浓度更高，这是由于煤粉中的硫分受温度影响大，煤粉中的硫可以分为挥发硫和固体硫，在高温情况下会析出更多硫分（HS）。因此，旋流的外二次风出口处的温度低于炉膛中心处温度，尽管 O_2 含量较高，附近 SO_2 浓度依然较低。

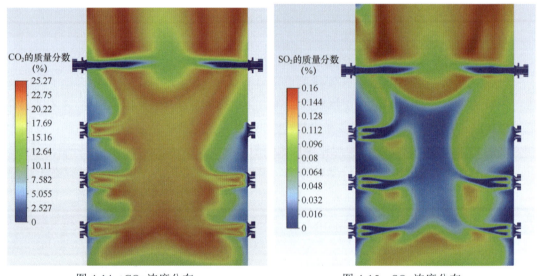

图 4-14　CO_2 浓度分布　　　　　　　　图 4-15　SO_2 浓度分布

需要注意的是，当水冷壁侧墙附近有一定浓度的 HS 和 SO_2 时，它们可以发生反应生成硫单质，容易在水冷壁管壁上造成结渣。而 SO_2 本身可以以化学吸附的形式聚集在固体表面上，生成硫酸盐，这不仅会造成水冷壁结渣，还会腐蚀水冷壁管道。

第四节　变工况数值模拟

一、变工况设定

本书选用的验证用的实际工况为前墙 18 只燃烧器全部开启，后墙开启中、下两层 12 只燃烧器，总共开启 30 只燃烧器，对应满负荷工况。因此将工况Ⅰ设定为：原验证工况中的后墙下层燃烧器关闭，更改为开启后墙上层燃烧器，前墙设置不变，同样还是总共开启 30 只燃烧器，形成对照组进行比较，见表 4-3。

表 4-3　　　　　　　　　　　　　不同工况设定

工况	工况 I	工况 II	工况 III
设定	后墙燃烧器开启上、中两层	过量空气系数+5%	过量空气系数-5%

另外，还需要考虑氧气含量大小对燃烧情况的影响，通过改变总送风量，进行对照模拟计算，最终分析计算结果，为实际运行时的供氧配风提供参考。原验证工况选用的过量空气系数为 1.14，本书将工况 II 选定为在原工况的基础上增加 5% 的过量空气，工况 II 的过量空气系数为 1.20；工况 III 选定为减少 5% 过量空气，即工况 III 的过量空气系数为 1.08。工况 II 与工况 III 与原工况形成对照组，其他条件需要保证一致，因此工况 II 与工况 III 的一、二次风及燃尽风配比均与原工况相同。

二、变工况结果分析

（一）变工况速度场

从图 4-16 可以看出，由于改变了燃烧器的开闭状态，原工况和工况 I 的速度场有明显差异。工况 I 中、下层燃烧器仅有前墙燃烧器开启，没有形成明显的对冲，一、二次风喷入后与中层燃烧器流场汇合后继续向上流动，工况 I 上层燃烧器靠近燃尽区，很快就与燃尽风进行汇合。与之相反，原工况的后墙中层燃烧器则经过了较为充分的发展运动后才与燃尽风汇合，在炉膛中心表现出很好的湍流耦合流动，在后墙中层燃烧器形成较大回流区。

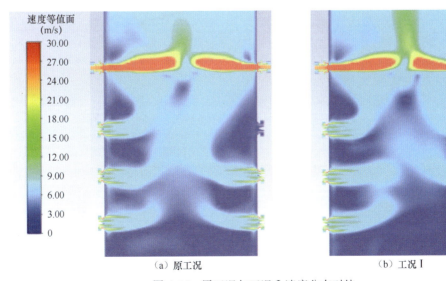

（a）原工况　　　　　　　　　　　　　　（b）工况 I

图 4-16　原工况与工况 I 速度分布对比

从图 4-17 可以看出，原工况与工况 II、III 速度分布较为相似，因此改变总风量对于速度场的影响不显著。工况Ⅱ由于过量空气系数更大，送风量更大，整体速度场的流速更大，对冲汇合现象更为明显。相反，工况Ⅲ流速较小，湍流效果略差于原工况。

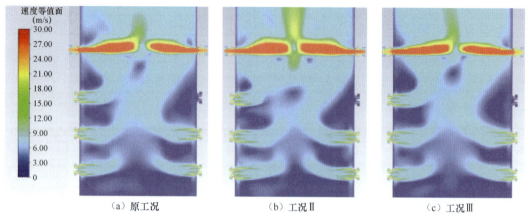

| （a）原工况 | （b）工况Ⅱ | （c）工况Ⅲ |

图 4-17 原工况与工况Ⅱ、Ⅲ的速度分布对比

（二）变工况温度场

图 4-18 所示为沿炉膛高度各截面中最大温度的变化曲线，四种工况之间的温度变化趋势相近，均在主燃区开始前陡增，到达两层燃烧器之间处继续增加，最终在燃尽区达峰后呈均匀下降趋势。

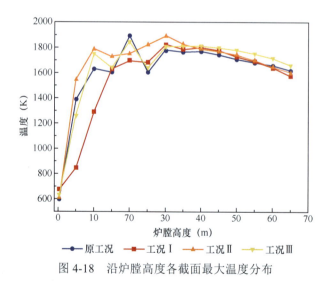

图 4-18 沿炉膛高度各截面最大温度分布

从图 4-18 可以看出，原工况所达温度最高，拥有较好的燃烧性能。整体来看工况Ⅰ温度略低于其他工况，在下层燃烧器处由于仅开启前墙燃烧器，没有很好的对冲效果，此处温度明显较低。工况Ⅱ、Ⅲ温度略高于原工况，工况Ⅱ在燃尽区前由于供氧足旋流强度大，卷吸更多煤粉混合发生燃烧反应，温度较高，但同样因为供氧足流动快，在燃

尽区后温度偏低。

图 4-18 中工况 I 与原工况的温度分布差距可以很直观地从图 4-19 中体现。

（1）对于工况 I 来说，燃烧区域整体向右偏移，前墙下层燃烧器的风煤喷入后，由于没有后墙燃烧器进行对冲，运动到炉膛中心进行燃烧。

（2）工况 I 在中、上层燃烧器之间汇集了更多风煤混合发生燃烧反应，在下层燃烧器下方温度偏低，温度分布均匀度差于原工况。

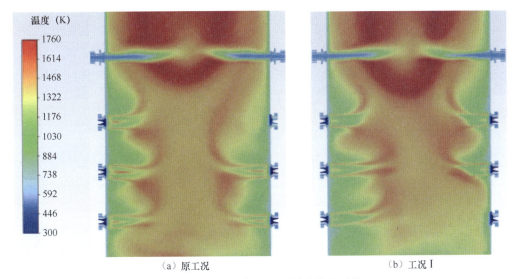

（a）原工况　　　　　　　　　　　　（b）工况 I

图 4-19　原工况与工况 I 温度分布对比

工况 II、III 在温度分布图上也表现出明显特点，如图 4-20 所示。工况 II 由于充足的氧量及强度更大的旋流，使得整体燃烧反应、对冲效果均比原工况更为强烈，整体温度远高于原工况及工况 III。与之对应，工况 III 由于送风量减少，旋流强度降低，整体燃烧强度略低于原工况。

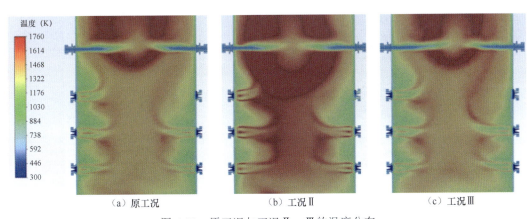

（a）原工况　　　　　　　（b）工况 II　　　　　　　（c）工况 III

图 4-20　原工况与工况 II、III 的温度分布

（三）变工况组分浓度分布

图 4-21 所示为不同炉膛高度的 O_2 浓度分布对比，可以看出，所有工况在燃尽区及燃尽区后趋势变化相近，O_2 浓度逐渐降低。工况 I 在燃烧器下方区域由于下层燃烧器仅开启前墙侧，送风量小于其他工况，O_2 含量低于其他工况。

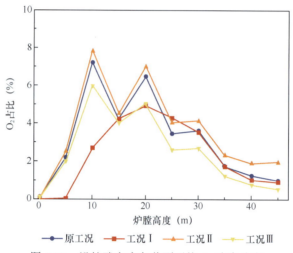

图 4-21　沿炉膛高度各截面平均 O_2 浓度分布

原工况、工况 II、工况 III 整体 O_2 含量变化趋势一致，都是在主燃区之前及两层燃烧器之间 O_2 含量高，工况 II 送风量大，O_2 含量充足且有较多剩余；工况 III 送风量小，在燃尽区 O_2 含量趋近于零。

图 4-22 所以为原工况与工况 I O_2 浓度分布对比，工况 I O_2 含量分布情况与温度分布相似，整体含氧区域向右偏移，在前墙侧 O_2 含量更高，下层燃烧器下方有高氧量区域，后墙侧 O_2 含量低。而原工况的前、后墙两侧 O_2 含量分布对称均匀，后墙侧中层燃烧器与燃尽风中间存在高 O_2 含量区域。

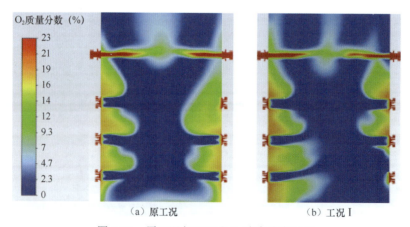

图 4-22　原工况与工况 I O_2 浓度分布对比

图 4-23 所示为原工况与工况 II、IIIO$_2$ 浓度分布对比，这三个工况分布区域基本一致。由于改变了总 O$_2$ 含量，增大了风量的工况 II 出现了明显的氧富余，几乎填满了炉膛下方，O$_2$ 浓度也更高，燃尽风对冲处含氧区域也远大于原工况与工况 III；减少了风量的工况 III 则相较于原工况 O$_2$ 浓度小幅度降低，在后墙上层燃烧器处 O$_2$ 分布区域明显小于原工况。

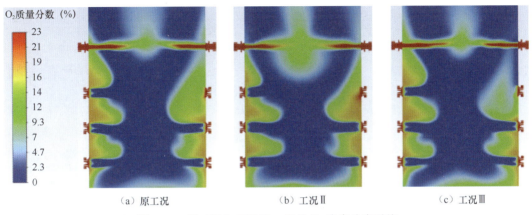

（a）原工况　　　　　　　（b）工况 II　　　　　　　（c）工况 III

图 4-23　原工况与工况 II、III 的 O$_2$ 浓度分布对比

图 4-24 所示为原工况与工况 I 的 CO 浓度分布对比，可以看到大部分生成 CO 的第一步燃烧反应在燃烧器喷入煤粉处附近发生。工况 I 的 CO 分布同样向右偏移，在后墙未开启的下层燃烧器附近生成了大量的 CO，说明此处也发生较多第一步燃烧反应，或是下层燃烧器的送风送煤将气体推动向右偏移。此外，工况 I 上层燃烧器处生成更多 CO，因为前、后墙两侧燃烧器的开启，此处风煤混合物多于原工况，进行更多燃烧反应过程。原工况 CO 均匀分布于炉膛中心。

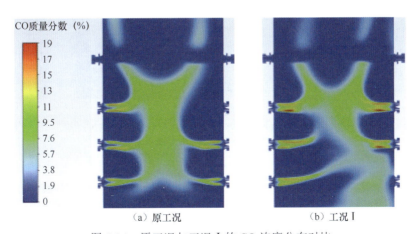

（a）原工况　　　　　　　　　　　（b）工况 I

图 4-24　原工况与工况 I 的 CO 浓度分布对比

图 4-25 所示为原工况与工况 II、III 的 CO 浓度分布对比，同样因为供氧量的原因，

对比明显。O_2 含量充足的工况 Ⅱ 在主燃区发生了大量燃烧反应过程，CO 浓度明显高于其他工况。同样因为 O_2 含量充足，工况 Ⅱ 的燃烧反应也更为完全，CO 分布区域更小，在燃尽区前 CO 就已经被完全氧化消失；O_2 含量较低的工况 Ⅲ 则在燃尽区表现出较高的 CO 浓度。

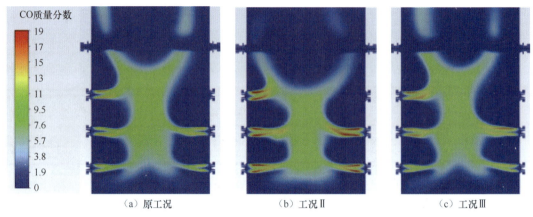

（a）原工况　　　　　　（b）工况 Ⅱ　　　　　　（c）工况 Ⅲ

图 4-25　原工况与工况 Ⅱ、Ⅲ 的 CO 浓度分布对比

四种工况 SO_2 浓度分布对比如图 4-26 所示。原工况整体 SO_2 浓度低于其他工况，炉膛中心几乎不存在 SO_2。对于工况 Ⅰ 来说，主燃区的 SO_2 分布同样呈现为向右偏移。比较独特的是，工况 Ⅰ 最高浓度的 SO_2 主要分布于炉膛中心区域，其他工况最高浓度的 SO_2 分布于回流区附近。

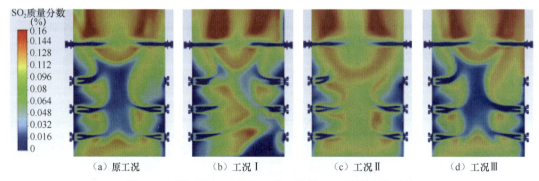

（a）原工况　　　　（b）工况 Ⅰ　　　　（c）工况 Ⅱ　　　　（d）工况 Ⅲ

图 4-26　原工况与工况 Ⅰ、Ⅱ、Ⅲ 的 SO_2 浓度分布对比

对于工况 Ⅱ、Ⅲ 来说，同样是 O_2 含量高的工况 Ⅱ SO_2 浓度高，整个炉膛中心均匀分布着一定浓度的 SO_2；O_2 含量低的工况 Ⅲ SO_2 浓度低，与原工况分布情况基本一致，但是工况 Ⅲ 在后墙上层燃烧器的上方分布着高浓度的 SO_2。

三、总结

从数值模拟结果可以看出，变工况后速度场差别不大。温度场试验结果是原工况性能最佳；工况Ⅰ温度分布不均匀，向右偏移，容易造成局部超温；O_2含量更充足的工况Ⅱ虽然整体温度更高、分布更均匀，但是从O_2浓度分布结果来看，工况Ⅱ在主燃区下方有耗散的氧，氧富余较多；工况ⅢO_2含量供燃烧不足，而原工况燃烧耗氧更均匀，因此原工况最为理想。

对于CO来说，工况ⅠCO分布同样不均匀，工况ⅡCO分布区域最小，工况Ⅲ最大，从氧化CO的角度来说O_2含量越高越好。而对于SO_2，工况Ⅲ在后墙上层燃烧器上方的水冷壁附近分布处有高浓度SO_2，更容易对水冷壁造成结渣和腐蚀；工况Ⅱ由于高供氧量生成大量SO_2具有同样的问题；工况Ⅰ则比较独特，SO_2大部分分布于炉膛中心，远离水冷壁，不易对水冷壁造成损害。

综上所述，工况Ⅰ温度分布均匀度一般，容易造成局部超温；工况Ⅱ温度分布均匀，但氧量富余较大，容易生成硫氧化物对水冷壁造成结渣和腐蚀，不是适合选用的过量空气系数；工况Ⅲ与原工况相近，但是同样具有硫氧化物损害水冷壁问题，且温度略低于原工况。因此，原工况是综合考虑性能最优的工况。

第五节　低负荷工况数值模拟

为适应能源结构多样化，火电机组需要实现低负荷稳定运行。本节基于现场试验数据，对低负荷工况进行数值模拟；对比低负荷工况速度场、温度场及组分浓度模拟结果，讨论低负荷工况运行对锅炉稳燃性的影响。

一、低负荷工况设定

现场试验得到以下两个低负荷工况数据。

（1）25%负荷。开启A、C两台磨煤机，即对应前墙、后墙下层燃烧器，总共开启12只燃烧器。

（2）30%负荷。开启A、C、F三台磨煤机，即对应前墙下层燃烧器及后墙中、下层燃烧器，总共开启18只燃烧器。

对上述两个工况进行数值模拟，模拟采用煤种参数为实际运行时试验检测得到，煤种工业分析及元素分析参数见表4-4中，供煤量、风量设置同样参考现场试验数据，其余设置与基础工况模拟保持一致。

表 4-4　　　　　不同负荷采用煤种工业分析及元素分析

参数		25%负荷	30%负荷
工业分析	固定碳（%）	37.82	37.05
	挥发分（%）	24.78	28.74
	灰分（%）	32.06	12.01
	水分（%）	5.34	22.2

参数		25%负荷	30%负荷
元素分析	碳（%）	77.82	76.87
	氢（%）	5.4	4.86
	氧（%）	13.85	16.23
	氮（%）	1.29	1.18
	硫（%）	1.64	0.86
低位发热量（kJ/kg）		18473	18860

二、低负荷工况结果分析

（一）低负荷工况速度场及温度场

图 4-27 所示为两种低负荷工况的速度场模拟结果，25%负荷工况仅开启下层燃烧器，风煤混合物进入以后在炉膛中心对冲，形成湍流耦合运动，速度场较为对称。需要注意的是，25%负荷工况相关风量数据为现场试验所得，其前、后墙风量供给不是完全一致的，存在一定的大小差异，表现在模拟结果图中即为前墙燃烧器出口速度高于后墙燃烧器。

30%负荷工况在 25%负荷工况基础上加开了后墙中层燃烧器，后墙中层燃烧器处回流区域明显。30%负荷工况受中层燃烧器处速度加入的影响，整体速度场向后墙燃烧器入口速度方向移动，即向炉膛左侧偏移。两个低负荷工况均经过充分发展后运动至燃尽区，再与燃尽风进行汇合。

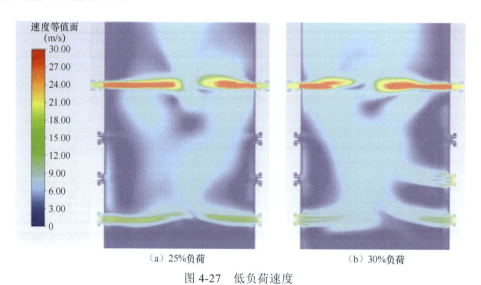

（a）25%负荷   （b）30%负荷

图 4-27　低负荷速度

图 4-28 所示为低负荷工况时不同炉膛高度处的截面对应的温度最大值的分布曲线。图中两种工况温度分布曲线的趋势大致一致，30%负荷最高温度约可达 1550K，25%负荷工况最高温度约可达 1400K，远低于满负荷工况。

30%负荷工况温度整体高于 25%负荷工况,这是因为 30%负荷工况开启更多燃烧器,供煤、供风均按比例高于 25%负荷工况, 30%负荷工况采用煤种的热值、挥发分占比也高于 25%负荷工况。

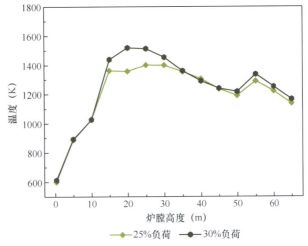

图 4-28　低负荷工况沿炉膛高度各截面最大温度分布

此外, 25%负荷工况整体温度分布较为均匀,主燃区和燃尽区温度接近, 30%负荷工况温度分布波动较大,高温区集中在主燃区。比较独特的是,在燃尽区 30%负荷工况温度略低于 25%负荷工况, 30%负荷工况燃尽率较低。

图 4-29、图 4-30 分别是 25%、30%负荷工况按锅炉竖直方向,由炉膛左右截面到炉膛中心截面温度分布对比。从图中可以看出两种低负荷工况均在炉膛中心处燃烧反应最为剧烈,向左右两边逐渐减弱,也就是第三列到第一列燃烧器截面处整体高温分布区域逐渐减少。

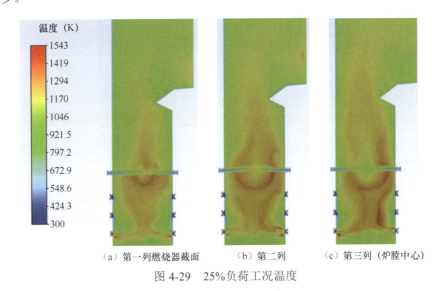

（a）第一列燃烧器截面　　（b）第二列　　（c）第三列（炉膛中心）

图 4-29　25%负荷工况温度

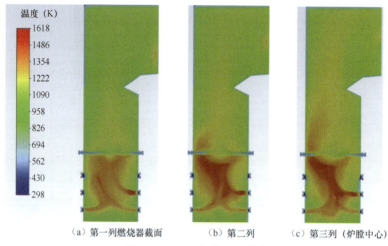

（a）第一列燃烧器截面　　（b）第二列　　（c）第三列（炉膛中心）

图 4-30　30%负荷工况温度

如图 4-29 所示，对于 25%负荷工况来说，由于煤量、风量的减小，以及运行采用煤种的不同，其最高温度为 1543K。该工况整体温度分布均匀对称，下层燃烧器对冲效果好，大部分燃烧反应在炉膛中心的主燃区和燃尽区进行，高温区域距离水冷壁较远。

如图 4-30 所示，对于 30%负荷工况来说，由于煤量、风量高于 25%负荷工况，采用煤种与满负荷工况时一致，其最高温度为 1618K。高温区域集中于主燃区，燃尽区温度与 25%负荷时接近，整体温度场分布向左偏移，主燃区高温区域覆盖至前墙水冷壁处，容易造成超温影响。

（二）低负荷工况组分浓度分布

从图 4-31 可以看出，两种低负荷工况的 O_2 浓度差距不大，变化趋势相近，均在主燃区和燃尽区浓度较低，在上层燃烧器处达到最低值。这是由于燃烧反应消耗了大部分 O_2，30%负荷工况由于多开启一层燃烧器，供风、供煤均大于 25%负荷工况，因此 30%负荷工况整体 O_2 浓度略高于 25%负荷工况。

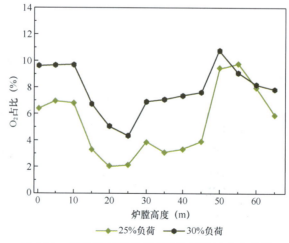

图 4-31　沿炉膛高度各截面平均氧浓度分布曲线

　　图 4-32 所示为 25%及 30%负荷工况的氧量分布对比。由于供风量大，30%负荷工况明显含氧量更高，30%负荷工况在后墙开启的燃烧器附近及后墙燃烧器上方有大量氧富余，而 25%负荷工况在仅中层燃烧器处存在少量氧。供氧量更高，对冲效果更强烈，使得燃烧反应发生位置向上移动，故在 30%负荷的高耗氧区域从中下层燃烧器之间开始，25%负荷工况则从下层燃烧器处开始。

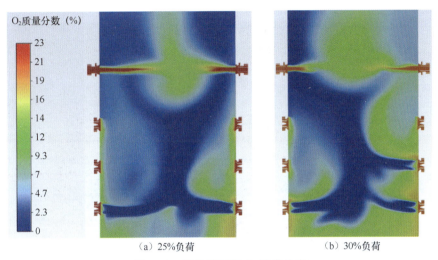

（a）25%负荷　　　　　　　　　（b）30%负荷

图 4-32　低负荷工况 O_2 浓度分布

　　图 4-33 所示为 25%及 30%负荷工况的 CO 分布对比。两种工况的 CO 整体分布区域基本一致，在主燃区中上方（中、上层燃烧器）处几乎不分布 CO，这说明在下层燃烧器处进行对冲以后，通过充分发展流动，燃烧反应十分完全，使得碳完全氧化，生成 CO_2。由于后墙中层燃烧器的开启，30%负荷工况的 CO 分布区域向左偏移。

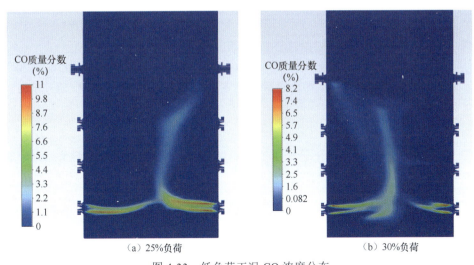

（a）25%负荷　　　　　　　　　（b）30%负荷

图 4-33　低负荷工况 CO 浓度分布

30%负荷工况的 CO 最大浓度为 0.082，低于 25%负荷工况的 0.11。这是因为 30%负荷工况的供风量更大，氧化更完全，故 CO 含量较低。

图 4-34 所示为 25%及 30%负荷工况的 SO_2 分布对比。从图中看出，两种低负荷工况的 SO_2 最大浓度相近，30%负荷工况的供氧量更多，SO_2 高浓度区域向左偏移，而 25%负荷工况的供氧量虽然较少，但是其主燃区及燃尽区处的高浓度 SO_2 区域更大。

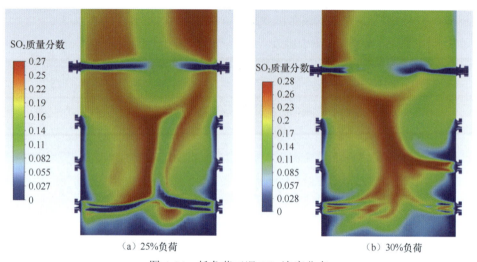

（a）25%负荷　　　　　　　　　　　　　　（b）30%负荷

图 4-34　低负荷工况 SO_2 浓度分布

三、总结

通过对比模拟结果，发现两种低负荷工况的速度场差异较大，25%负荷运行两台磨煤机工况的速度场分布更为均匀对称。温度场情况类似，25%负荷工况温度分布均匀对称，30%负荷工况在主燃区温度过高，高温区贴近水冷壁，易造成局部超温。两种低负荷工况温度均大幅低于满负荷工况。

30%负荷工况的 O_2 含量略高于 25%负荷工况，在中、上层燃烧器之间有明显富余；30%负荷工况 O_2 含量充足。燃烧反应氧化更完全，CO 浓度更低；对于 SO_2 来说，25%负荷工况在主燃区及燃尽区处浓度偏高，30%负荷工况在前墙上层燃烧器上方处浓度偏高，两种工况都容易对水冷壁造成结渣及腐蚀的影响。

综上所述，25%负荷工况不论是速度、温度分布都更均匀对称，稳燃性高于 30%负荷工况，这说明开启三台磨煤机的工况（加入了一层单侧燃烧器）的稳定性低于开启两台磨煤机的工况。

第六节　NO$_x$排放数值模拟计算

一、NO$_x$模型参数

表 4-5 为研究的所有工况采用的煤种的干燥无灰基组成及煤种总含氮量的参数。将上述参数代入相关公式，即可计算得到燃料型 NO$_x$ 模型所需参数，计算结果见表 4-6。

表 4-5　　　　　　　　　　　煤种的干燥无灰基组成及含氮量

参数	25%负荷采用煤种	其他工况采用煤种
干燥无灰基挥发分（%）	39.56	43.74
干燥无灰基焦炭（%）	60.44	56.26
含氮量（%）	1.29	1.18

表 4-6　　　　　　　　　　　焦炭及挥发分中含氮量计算值

参数	25%负荷采用煤种	其他工况采用煤种
焦炭中含氮量（%）	0.84	0.75
挥发分中含氮量（%）	1.97	1.74

二、NO$_x$模型计算结果分析

图 4-35 所示为不同工况下出口边界的 NO$_x$ 排放量。从图中可以看出，30%负荷工况的 NO$_x$ 排放量最大，工况 Ⅲ 的 NO$_x$ 排放量最小。

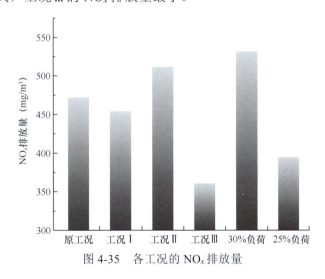

图 4-35　各工况的 NO$_x$ 排放量

对于满负荷工况来说，工况 Ⅱ 为高过量空气系数，工况 Ⅲ 为低过量空气系数，可以看出，NO$_x$ 排放量与过量空气系数成正比关系，过量空气系数最大的工况 Ⅱ 的 NO$_x$ 排放量最大，原工况次之，工况 Ⅲ 最小。

如图 4-36 所示，通过对比原工况、工况Ⅱ及工况Ⅲ的 NO_x 排放量可以发现，高过量空气系数的工况Ⅱ在炉膛整体 NO_x 量明显高于低过量空气系数工况，具体表现在图中颜色更深，NO_x 分布区域更大。

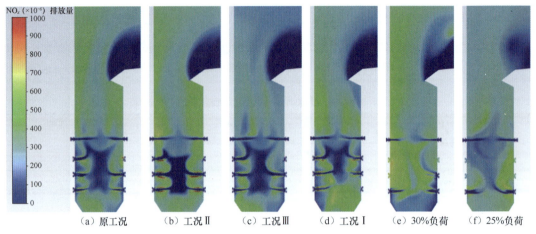

（a）原工况　　（b）工况Ⅱ　　（c）工况Ⅲ　　（d）工况Ⅰ　　（e）30%负荷　　（f）25%负荷

图 4-36　各工况的 NO_x 排放量

　　工况Ⅰ的出口 NO_x 排放量与原工况相近，但是与 30%负荷工况类似，均在未开启的燃烧器一侧有 NO_x 堆积。

　　30%负荷工况的 NO_x 排放量大幅高于 25%负荷工况，甚至略高于满负荷，这是由于该工况单侧运行的后墙中层燃烧器对冲效果较差，煤粉气流与热烟气混合不均匀，气流向炉膛壁面偏移，存在富氧区域，生成大量 NO_x 并在前墙处堆积，如图 4-37 所示。此外，低负荷工况整体运行温度低于满负荷工况，此时热力型 NO_x 生成较少，出口排放的 NO_x 主要组成为燃料型 NO_x。由于负荷降低时，燃烧器所处状态与满负荷不同，燃烧器出口生成的 NO_x 缺少还原区域，在燃烧初期生成大量燃料型 NO_x。综合以上因素使得30%负荷工况的 NO_x 排放量偏高。

　　而对于 25%负荷工况来说，虽然该工况采用的煤种含氮量略高于其他工况，但由于燃用总煤量的降低，以及运行状态为对称的下层燃烧器，此状态对冲效果较好，在挥发分析出时与燃烧初期，煤粉气流与热烟气混合较好，存在局部低氧区域，因此出口处 NO_x 排放量偏低。

　　如图 4-37 所示，满负荷工况均在主燃区的炉膛中心处出现了无 NO_x 分布的情况，此处为燃烧

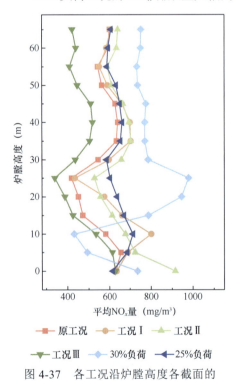

图 4-37　各工况沿炉膛高度各截面的
平均 NO_x 量

反应最激烈的地方，氧浓度低，氮较少氧化，CO 含量较高，起到促进 NO 还原的作用，抑制 NO 的生成。该特征表现在图 4-37 中即为满负荷工况（原工况、工况Ⅰ、工况Ⅱ、工况Ⅲ）在主燃区（对应炉膛高度 15～30m）平均 NO_x 量偏低。此外，在图 4-37 中，高供风量的工况Ⅱ在燃烧器出口火焰周围的一、二次风充分混合处，生成高浓度 NO_x，其他工况该位置 NO_x 低于浓度工况Ⅱ。

低负荷工况各具特点，30%负荷工况在主燃区由于前墙处的 NO_x 堆积，在上层燃烧器处平均 NO_x 量达峰值，远高于其他工况；25%负荷工况沿着炉膛高度各截面平均 NO_x 量变化不大；所有工况在燃尽区 NO_x 分布趋势相近，较为稳定。

同样，与过量空气系数相关，过量空气系数小的工况Ⅲ在图 4-37 中不同炉膛高度截面对应的平均 NO_x 量为所有工况中最小。

三、总结

通过分析结果发现，低过量空气系数的工况Ⅲ的 NO_x 排放量最低，故选择低过量空气系数可以通过降低氧化剂的方式减少氮的氧化，实现降低 NO_x 排放量的目的，但是低过量空气系数在实际运行中可能会造成燃烧效率降低及炉膛结焦等，需要结合实际运行情况进行调控。

低负荷工况中的 30%负荷工况由于对冲效果较差，NO_x 排放量最高，不利于环境保护。25%负荷工况对冲效果较好，NO_x 含量偏低，全炉膛分布均匀少量，对环境影响较小。

第五章 高温腐蚀改造技术

本章主要以一台 600MW 燃煤机组为例，对锅炉深度调峰下高温腐蚀改造技术进行了研究，进行了详细的高温腐蚀改造方案数值模拟，同时进行了现场工程技术改造，为现场开展深度调峰下锅炉高温腐蚀改造提供重要的指导。

第一节 高温腐蚀改造背景

随着国家能源政策的进一步收紧，国内已投产的超临界和超超临界锅炉普遍采用低 NO_x 燃烧器耦合空气分级燃烧的低 NO_x 发电技术，并采用选择性催化脱硝的方法以实现燃煤电厂的"超低排放"。而经过改造的燃煤电厂锅炉却频发图 5-1 所示的炉内水冷壁高温腐蚀现象，如灵武电厂 2×1060MW 超临界锅炉、新乡 2×660MW 超临界锅炉均发生了严重的侧墙水冷壁高温腐蚀现象，其侧墙水冷壁平均被腐蚀减薄 2.4mm，最严重处平均值甚至达到 3.6mm，对燃煤电厂锅炉的安全、平稳运行造成了严重的危害。目前，国内燃煤锅炉受热面高温腐蚀的平均速度高达 1.8～2.6mm/年，部分燃用高硫分的燃煤锅炉中该数值可上升至惊人的 5mm/年。因此，锅炉水冷壁高温腐蚀现象是目前燃煤电厂亟待解决的重点和难点项目。

图 5-1 燃煤电厂锅炉水冷壁高温腐蚀

针对燃煤电厂锅炉水冷壁高温腐蚀现象的研究中，普遍采用现场试验或基于商业计算流体力学软件 CFD（computational fluid dynamics）的数值模拟技术，而现场试验往往要投入大量的成本、耗费大量的时间才能得到变工况的多场数据，加之经常由于测孔受损而不能得到十分完整的数据，因此目前普遍采用 CFD 软件对燃煤电厂锅炉高温腐蚀现象开展数值模拟研究，以较低的成本、较短的时间、较高的精确度得到变工况下的锅炉冷态动力场、热态温度场及各组分体积分数分布，从而对燃煤电厂锅炉的实际运行或改造提供指导意见。

一、高温腐蚀现象机理研究

（一）还原性气体及煤质引起的高温腐蚀

GB 13223—2011《火电厂大气污染物排放标准》、《煤电节能减排升级与改造行动计划（2014~2020 年)》（发改能源〔2014〕2093 号），要求燃煤电厂实现 NO_x 排放浓度低于 $50mg/m^3$ 的超低排放，因此我国现役燃煤电厂普遍开展了超低排放改造。经过超低排放改造的锅炉普遍采用分级送风的低 NO_x 燃烧技术，空气分级燃烧在降低 NO_x 排放量的同时，也使得锅炉内煤粉长期处于欠氧燃烧的状态，炉内水冷壁近壁处 O_2 含量较低，且 CO、H_2 等还原性气体浓度较高，在一定的炉内条件下，还原性气体将 Fe_2O_3 还原成 FeO，从而破坏水冷壁表面氧化铁保护膜，其化学反应过程如下。

$$\begin{cases} 3Fe_2O_3 + CO \rightarrow 2Fe_3O_4 + CO_2 \\ Fe_3O_4 + CO \rightarrow 3FeO + CO_2 \\ 3FeO + 5CO \rightarrow Fe_3C + 4CO_2 \\ Fe_3C + CO_2 \rightarrow 3Fe + 2CO \\ Fe + CO \rightarrow FeO + C \end{cases}$$

还原性气体将 Fe_2O_3 保护膜还原为疏松多孔的 FeO 后，煤中含有一定量的硫元素将转变为炉内的原子态硫[S]、H_2S 及硫酸盐等形式，并渗透穿过疏松多孔的 FeO 层达到水冷壁金属表面，加速水冷壁的高温腐蚀现象。

根据我国的能源政策，我国的动力用煤主要以低品位的劣质煤为主，燃煤电厂在实际中常常无法燃用锅炉的设计煤种，加之为节约燃煤电厂运行成本，工程实际中常常掺烧价格较低的高硫分煤。燃煤电厂锅炉燃用煤种硫分过高或掺烧高硫分煤质量分数过高时，常常也会引起硫化物型的高温腐蚀。硫化物型高温腐蚀的主要成因为煤粉在缺氧燃烧时生成原子态的硫[S]及硫化物（H_2S），水冷壁金属管壁与原子态的硫[S]及 H_2S 反应生成铁的硫化物，从而引起水冷壁管道的高温腐蚀。原子态硫及 H_2S 的反应过程分别如下。

$$\begin{cases} FeS_2 + FeS + [S] \\ 2H_2S + SO_2 \rightarrow 2H_2O + 3[S] \\ 2H_2S + O_2 \rightarrow 2H_2O + 2[S] \\ 3FeS_2 + 12C + 8O_2 \rightarrow Fe_3O_4 + 12CO + 6[S] \\ Fe + [S] \xrightarrow{623K} FeS \end{cases}$$

$$\begin{cases} FeO + H_2S \rightarrow FeS + H_2O \\ Fe + H_2S \rightarrow FeS + H_2 \\ 2FeS + O_2 \rightarrow 2FeO + 2[S] \end{cases}$$

由上述反应可知，当燃用含硫量较高的煤种时，H_2S 气体在炉内一定条件下也会生成原子态的硫[S]，从而进一步加速金属水冷壁的高温腐蚀。

综上，经过超低排放改造后的燃煤电厂锅炉由于取较低的过量空气系数，导致炉内氧气含量较少，还原性气体体积分数普遍较高，使燃用不同煤质的燃煤电厂在改造后普遍出现了水冷壁高温腐蚀的现象，从而使高温腐蚀成为燃煤电厂亟待解决的难题。在工程实际中应尽量避免水冷壁近壁处存在大量的还原性气体，加之煤种作为燃煤电厂的发电之源，很大程度上影响着炉内的燃烧、换热情况及水冷壁近壁处的气体特性，因此燃煤电厂在燃用非设计煤种或掺烧劣质煤种之前，应对所燃用煤种开展工程试验、热重试验或数值模拟研究，以确保燃煤电厂锅炉的平稳、安全运行。

（二）运行方式及结构特点引起的高温腐蚀

我国现役机组中直流低 NO_x 燃烧器及旋流低 NO_x 燃烧器应用最普遍的为四角切圆燃烧煤粉锅炉和前、后墙对冲燃烧煤粉锅炉。如图 5-2 所示，四角切圆布置方式中，当切圆半径过大时，一方面导致煤粉气流贴墙，另一方面导致煤粉气流直接冲刷水冷壁。前者使得煤粉在水冷壁近壁处剧烈燃烧，消耗大量 O_2 并产生大量还原性气体，从而导致水冷壁金属表面发生高温腐蚀现象；而后者造成锅炉水冷壁表面出现因磨损的减薄，并将导致已经覆盖在水冷壁表面的腐蚀产物不断脱落，从而使高温腐蚀得以不断重复进行，进一步加快水冷壁管壁腐蚀速度，恶化水冷壁高温腐蚀现象。

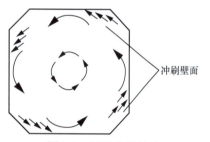

图 5-2 切圆半径过大

前、后墙对冲锅炉较四角切圆锅炉往往更易发生高温腐蚀，其原因如下：

（1）前、后墙对冲旋流燃烧煤粉锅炉普遍采用双调风旋流燃烧器，煤粉随直流一次风射入炉内，因此在一次风风速过大时，极有可能造成携带煤粉的一次风碰撞后向左、右两侧墙偏转，导致煤粉在水冷壁近壁处燃烧，消耗大量的 O_2 并产生大量还原性气体。

（2）如图 5-3 所示，若前、后墙一次风风速不平衡还将导致风粉动量小的一侧被压迫，使得前、后墙对冲后的气流向两侧墙出现偏斜，导致气流在水冷壁近壁处燃烧或造成气流直接冲刷水冷壁，进一步增加发生高温腐蚀的概率。

（3）同层旋流燃烧器位于最外侧的两个旋流燃烧器外二次风扩口直径过大时，容易造成高温回流燃烧区靠近左、右两侧墙，从而导致侧墙水冷壁近壁处产生大量还原性气体。

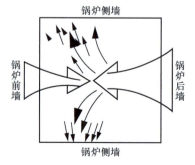

图 5-3 对冲射流压迫

因此，经过研究发现，四角切圆布置或前、后墙对冲布置均会在一定程度上引起炉内高温腐蚀的发生，且燃煤电厂锅炉内部不当的运行方式或配风方式还将显著提升锅炉内水冷壁发生高温腐蚀的概率，在燃烧调整时应进行数值模拟研究或开展工程试验，以避免煤粉气流贴壁或刷墙。燃煤电厂锅炉发生高温腐蚀现象的机理较为复杂，影响因素较多，防治难度较大，在工程实际运行中，应时刻注意入炉煤质的选择及分析、锅炉内燃烧时的动力场分布，以及水冷壁近壁处气体特性等容易引起水冷壁高温腐蚀的因素，以保证燃煤电厂的平稳、安全运行。

二、高温腐蚀的数值模拟研究

众学者针对燃煤电厂锅炉高温腐蚀现象开展了数值模拟研究，细致研究了水冷壁受热面近壁处的 O_2、CO、H_2S 等气体分布特性及各层燃烧器的配风方式。

（一）数值模拟模型选择

燃煤电厂锅炉炉膛内的煤粉燃烧过程由多个复杂的子过程耦合而成，在针对高温腐蚀现象的数值模拟研究中，众学者普遍所选用的子过程数值模拟模型见表 5-1。

表 5-1　　　　　　　　　　　　数值模拟子模型选择

子过程	选择的模型
气相湍流流动	k-ε/Realizable k-ε模型
气相湍流燃烧	混合分数/概率密度函数（PDF）模型
颗粒相的运动	离散相模型
焦炭燃烧	动力/扩散控制反应速率模型
辐射换热	P-1模型
煤粉颗粒的轨迹	拉格朗日随机轨道模型

由表 5-1 可知，对燃煤电厂锅炉内高温腐蚀现象的数值模拟研究中，焦炭燃烧模型中普遍采用 FLUENT 自带的动力/扩散模型，如图 5-4 所示。该模型中未考虑随碳粒燃烧逐渐生成并变厚的多孔灰层对氧气扩散的抑制作用，从而使得炉内数值模拟结果较工程实际测量值而言，其冷态动力场最大速度偏高、热态温度场温度梯度偏高、炉膛出口烟气温度偏低、飞灰含碳量较低。而水冷壁近壁处的气体特性主要受近壁面处煤粉燃烧的影响，因此焦炭燃烧子模型的不准将显著影响对高温腐蚀现象数值模拟研究的精确性。

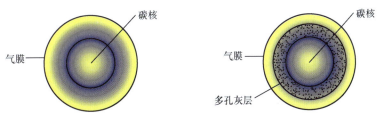

（a）未考虑灰层的影响　　　　　　　（b）考虑灰层扩散阻力的影响

图 5-4　焦炭燃烧模型示意图

因此，在今后开展的高温腐蚀数值模拟研究中，采用考虑灰层扩散阻力影响的焦炭燃烧模型以提高数值模拟的精确度是未来重要的研究方向。

（二）近壁面处 O_2 体积分数数值模拟研究

燃煤电厂锅炉内部 O_2 体积分数表征着炉内火焰燃烧状况，O_2 体积分数与火焰燃烧剧烈程度成反比，当水冷壁近壁处 O_2 浓度较低时，大量煤粉无法充分燃烧而生成大量 CO，使水冷壁近壁位置处于浓郁的还原性气氛中，水冷壁近壁处 O_2 体积分数决定着 CO 的体积分数，因此水冷壁近壁位置处于还原性气氛是指处于低 O_2 浓度下的高 CO 浓度的情况，是炉内水冷壁高温腐蚀的重要影响因素。

在对水冷壁近壁处 O_2 体积分数的数值模拟研究中，郝剑等对某 1000MW 超超临界直流锅炉基于对比燃用设计煤种和劣质煤种对高温腐蚀现象进行了数值模拟研究。该锅炉采用前、后墙对冲旋流燃烧布置，其燃烧区喷口布置如图 5-5（a）所示。研究表明，如图 5-5（b）、（c）所示，锅炉在燃用设计煤种时，前、后墙对冲布置的中、上层燃烧器回流区汇合于炉膛中心处，煤粉在该处剧烈燃烧并消耗大量 O_2，而下层燃烧器则形成较大旋涡使煤粉在冷灰斗区域剧烈燃烧，因此炉内从冷灰斗至上层燃烧器处 O_2 摩尔分数均低于 0.02%。燃烧器上方通入大量燃尽风后，炉内 O_2 摩尔分数升高且在炉膛出口处趋于均匀，前、后侧墙燃尽风喷口和水冷壁之间 O_2 体积分数较高，可以形成稳定的空气膜，从而防止水冷壁出现高温腐蚀的现象。而燃用劣质煤种时，由于其热值较设计煤种低，导致劣质煤种在燃尽区中份额较多，导致燃尽区 O_2 摩尔分数下降并导致燃尽区温度过高。

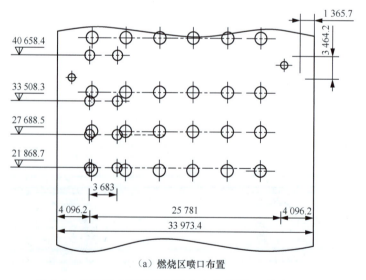

（a）燃烧区喷口布置

图 5-5 燃烧区布置及燃烧器中心纵截面 O_2 分布（一）

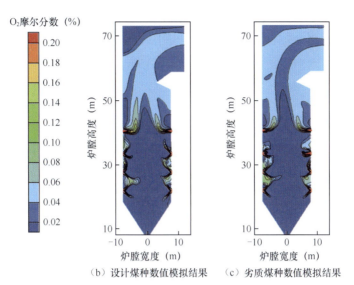

（b）设计煤种数值模拟结果 （c）劣质煤种数值模拟结果

图 5-5 燃烧区布置及燃烧器中心纵截面 O_2 分布（二）

李永生等同样采用数值模拟技术对某超临界前、后墙旋流对冲锅炉炉内水冷壁近壁处 O_2 体积分数开展研究。研究表明，前、后墙燃尽风喷口以下水冷壁近壁区 O_2 体积分数较高，可达 0.1，而燃尽风喷口以上区域 O_2 体积分数相对较低，该结论与郝剑等研究结果相同。左、右墙 O_2 体积分数分布规律则与前、后墙截然不同，左、右两侧墙燃尽风喷口下部除靠近前、后墙区域中，O_2 体积分数低于 0.005，而燃尽风喷口区域上部 O_2 体积分数较高，其体积分数大于 0.02。可知，前、后墙燃尽风喷口以下区域 O_2 浓度含量较低，水冷壁发生高温腐蚀的概率较大，与工程实际相符。

（三）近壁面处 CO 体积分数数值模拟研究

CO 是由于 C 与 O_2 不完全燃烧生成的中间产物，具有较强的还原性。在燃煤电厂锅炉中，煤粉剧烈燃烧区域内，由于 O_2 含量快速下降而导致大量煤粉无法充分燃烧生成大量 CO，加之经过超低排放改造后的机组，炉内过量空气系数通常取 0.8～1，因此煤粉在炉内缺氧燃烧，更易使炉内产生高体积分数的还原性气体。

对水冷壁近壁处 CO 体积分数的数值模拟研究中，郝剑等对某 1000MW 超超临界直流锅炉基于对比燃用设计煤种和劣质煤种对高温腐蚀现象进行了数值模拟研究。研究发现，燃用设计煤种时，由于该锅炉采用空气分级的低 NO_x 燃烧技术，主燃区采用缺氧燃烧方式，大量煤粉射入炉内后在主燃区中缺氧燃烧，导致炉内主燃区 CO 摩尔分数较高、还原性较强；燃尽区由于燃尽风的补氧，使燃尽区 CO 浓度迅速下降，如图 5-6 所示。而燃用劣质煤种时，由于其热值较低、灰分较高，导致煤粉在射入炉膛后着火推迟，且不能充分燃烧，导致炉膛中心大面积处于较高的 CO 摩尔分数中，前、后墙水冷壁及冷灰斗近壁处 CO 含量也明显升高，加剧水冷壁出现高温腐蚀的概率。

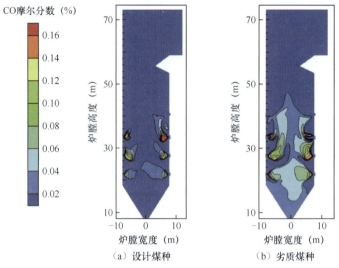

（a）设计煤种　　　　　　　　（b）劣质煤种

图 5-6　燃烧器中心纵截面 CO 分布

　　相类似的，在水冷壁近壁处及炉内整体 CO 体积分数的数值模拟研究中，周亚明等基于某 1000MW 超超临界双切圆燃煤锅炉开展了数值模拟研究，其燃烧器平面布置图如图 5-7（a）所示。研究表明，CO 体积分数由于冷角（1、4、6、7 号喷口）和热角（2、3、5、8 号喷口）的气流特性差异导致在炉内的分布极不均匀，但沿炉膛中心轴线基本呈对称分布，如图 5-7（b）～（d）所示。左、右侧墙及前墙 3、4 号燃烧器之间区域 CO 体积分数较高，局部 CO 体积分数甚至超过 0.1，极大地增大了左、右侧墙及热角发生高温腐蚀的概率。在整炉膛 CO 体积分数的数值模拟研究中，燃烧区缺氧现象较为明显，CO 体积分数由于一次风和二次风交替布置导致其出现明显波动，炉内整体处于缺氧燃烧状态，有利于减少 NO_x 的生成，但同时也显著增加了燃烧区水冷壁发生高温腐蚀的概率，如图 5-8 所示。

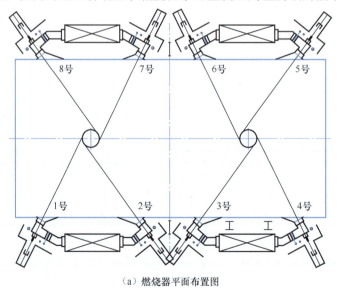

（a）燃烧器平面布置图

图 5-7　燃烧器布置及水冷壁 CO 体积分数分布（一）

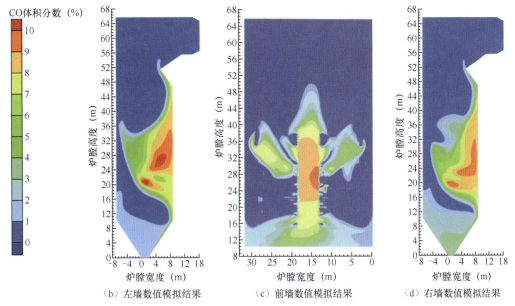

（b）左墙数值模拟结果　　　（c）前墙数值模拟结果　　　（d）右墙数值模拟结果

图 5-7　燃烧器布置及水冷壁 CO 体积分数分布（二）

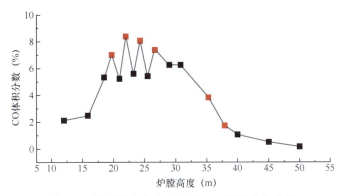

图 5-8　炉膛沿高度方向平均 CO 体积分数曲线

　　因此，我国现役经过超低排放改造后的超临界及超超临界锅炉或新建锅炉普遍为实现低 NO_x 燃烧而使得炉内缺氧燃烧，导致炉内 CO 体积分数显著提升。当燃用或掺烧劣质煤种时，CO 体积分数将进一步提升，使炉内从冷灰斗至还原区均处于浓郁的还原性气氛中，显著提升发生高温腐蚀的可能性。

（四）近壁面处 H_2S 体积分数数值模拟研究

　　H_2S 气体在炉内的生成涉及 20 个可逆反应及 12 种物质，简化后组成前述八步反应。H_2S 的生成量主要与炉内还原性气氛及烟气中氧的含量有关，因此，H_2S 的含量应与 CO 的体积分数成正比，且 H_2S 在一定条件下可以生成原子态的硫[S]，从而加速高温腐蚀速度。

　　对水冷壁近壁处 H_2S 体积分数的数值模拟研究中，秦明等基于数值模拟方法对某600MW 超超临界四角切圆锅炉硫化物的分布进行了研究。研究表明，H_2S 主要富集在主燃烧器与分离燃尽风之间的水冷壁壁面处。H_2S 的分布特性与入炉煤中硫元素的含量有关，当入炉煤质由硫元素质量分数为 0.49% 的低硫煤更改为硫元素质量分数为 3.27% 的高硫煤时，H_2S 的质量分数没有发生大幅度的改变，但其覆盖的水冷壁区域面积却大幅提升，如图 5-9 所示。图 5-9（e）～图 5-9（h）中，燃烧器的中下局部区域也出现了 H_2S 气体，因此入炉煤质的硫分主要影响炉内 H_2S 气体的分布面积。

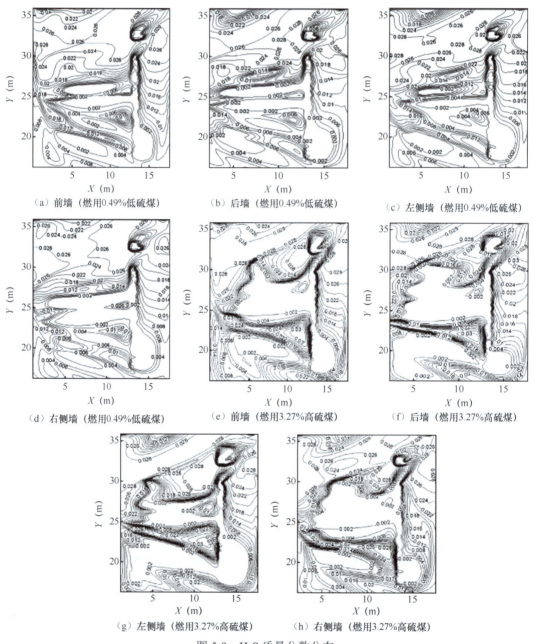

图 5-9　H_2S 质量分数分布
X—锅炉宽度方向；Y—锅炉深度方向

对 H_2S 气体与锅炉负荷之间关系研究中，李永生等采用数值模拟与工程试验相结合的方法对某超临界前、后墙旋流对冲锅炉开展了研究。研究表明，H_2S 及 CO 气体与锅炉负荷成正比关系，且在整炉膛的分布趋势中，H_2S 的体积分数随炉膛高度方向逐渐升高，该结论与吕洪坤等基于某 1000MW 超超临界变压直流锅炉开展的高温腐蚀数值模拟研究结论一致。吕洪坤等认为，H_2S 气体沿炉膛高度方向递增现象是由于未燃尽焦炭中含硫矿物质的持续析出及还原性气氛过浓导致的。因此，高负荷下炉内水冷壁发生高温腐蚀概率较大的区域从燃烧器区域可以一直蔓延至燃尽风区段，极不利于锅炉的平稳、安全运行。

综上所述，结合燃煤电厂锅炉水冷壁发生高温腐蚀的机理及数值模拟研究，高温腐蚀极易发生在近壁面处有较浓郁的诸如 CO、H_2S 等还原性气体及低 O_2 体积分数的环境中，而目前我国采用低 NO_x 空气分级燃烧技术的现役锅炉中，普遍采用缺氧燃烧，炉内极易营造出较浓郁的还原性气氛，加之受我国能源政策及发电成本的影响，燃煤电厂锅炉普遍燃用或掺混劣质煤、高硫煤，进一步提升了锅炉水冷壁发生高温腐蚀的可能性，因而国内现役超临界及超超临界锅炉水冷壁因高温腐蚀的爆管事故频发，对燃煤电厂的平稳、安全运行产生极大影响。因此，对燃煤电厂开展基于高温腐蚀的改造是当前的热点、难点和重点研究项目。

三、高温腐蚀改造数值模拟研究

目前针对燃煤电厂锅炉贴壁风改造的研究中，常常采用喷涂抗腐蚀涂层、优化水冷壁管材、锅炉燃烧调整，以及贴壁风技术（在发生高温腐蚀的水冷壁上方或水冷壁上安装贴壁风喷口，将一部分一次风、二次风或燃尽风送入炉内，提升水冷壁近壁处 O_2 浓度），这四种技术的优劣特性见表 5-2。

表 5-2　　　　　　　　　　　　高温腐蚀改造技术对比分析

改造方法	优点	缺点
喷涂抗腐蚀涂层	（1）提升管壁表面的耐磨、耐腐蚀性能。 （2）中高温时，其抗冲击、抗氧化的性能是10号钢的20倍，可以有效防止因气流直接冲刷造成的高温腐蚀。 （3）锅炉长期运行中涂层不开裂、不脱落，其稳定性较好	（1）喷涂涂层往往较薄，抵御高温腐蚀周期较短。 （2）喷涂涂层将增大换热热阻，进而影响传热性能。 （3）只适用于热负荷不高或腐蚀程度不严重的亚临界锅炉
优化水冷壁管材	（1）低合金钢进行镀铬和铝渗透处理，可以显著提升抗高温氧化、抗腐蚀、抗冲刷能力。 （2）将低合金水冷壁管更换为高合金钢水冷壁管可以显著提升抗腐蚀性能，寿命提升一倍	（1）镀铬和铝渗透价格较为昂贵。 （2）高合金钢材料价格为低合金钢的一倍，成本过高。 （3）无法保证低合金钢及高合金钢焊缝处的抗腐蚀性能
锅炉燃烧调整	（1）燃烧调整成本较低。 （2）可以根据炉内燃烧情况实时调整。 （3）燃烧调整技术较为成熟，有较多的工程实际经验支撑	（1）水冷壁近壁处还原性气氛降低至较小，调节能力有限。 （2）无法从根本上解决现有问题
贴壁风技术	（1）目前在工程实际中应用较多，技术较成熟。 （2）改造成本相对较低。 （3）能够一定程度上提升水冷壁近壁处氧气含量，降低还原性气体体积分数	（1）针对不同锅炉布置型式需要采取不同的贴壁风改造手段，技术难以统一。 （2）降低水冷壁近壁处还原性气体体积分数上限较低。 （3）贴壁风量较高容易引起NO_x排放量上升

由表 5-2 可知，针对锅炉水冷壁高温腐蚀所提出的改造措施中，贴壁风技术凭借其风量取自于燃烧器的二次风且射流方向平行沿壁面方向，可以以较低的成本达到较出色的改造效果，且其布置方式主要有前、后墙布置，左、右侧墙布置及组合式贴壁风布置，这三种布置方式在现役超临界及超超临界锅炉中均得到了较为普遍的应用。

（一）贴壁风喷口形状的数值模拟研究

贴壁风喷口形状很大程度上影响着贴壁风射流的刚性、稳定性及扩展特性，目前工程中已实际采用的贴壁风喷口形状主要有圆形槽状喷口、矩形横向槽状喷口及矩形竖向槽状喷口三种。

在对贴壁风喷口形状的数值模拟研究中，朱宣而等采用数值模拟技术对某 650MW 超临界前、后墙对冲旋流燃烧锅炉进行了贴壁风喷口形状的数值模拟研究，其研究对象为图 5-10 所示的圆形槽状、方形竖槽及方形横槽喷口，并在研究过程中作下述定义：

（1）选取距水冷壁近壁处的 CO 浓度作为还原性气体浓度的指标，当 CO 浓度低于 3%时为弱还原性气氛，引发高温腐蚀的概率较小。

（2）定义高温腐蚀面积比 ε 表征贴壁风喷口减缓高温腐蚀的效果，其定义式为

$$\varepsilon = \frac{S_c}{S_{P_0}}$$

式中：S_{P_0} 为自下层燃烧器标高 3m 处至燃尽风标高处 3m 处，且距离侧墙水冷壁壁面 30mm 处平面的面积，m²；S_c 为 S_{P_0} 面积内 CO 浓度大于 3%的面积，m²。

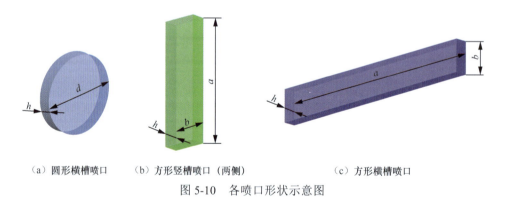

（a）圆形横槽喷口　（b）方形竖槽喷口（两侧）　（c）方形横槽喷口

图 5-10　各喷口形状示意图

研究结果表明，贴壁风从圆形槽状喷口射入炉内后，–45°～–135°射流与高速上升的烟气发生剧烈碰撞后被烟气裹挟向炉内及两侧运动，加之贴壁风射流对喷口下部气流具有一定的阻碍作用，使得喷口上部形成的 O₂ 保护膜难以被稀释，贴壁风效果较好；贴壁风从方形竖槽喷口射入炉膛后形成的保护膜呈长条形，水平方向浓度梯度较大且衰减速度较快，贴壁风射流方向与烟气上升方向垂直，刚性较差，十分容易被高速上升的气流裹挟一同向上运动，贴壁风效果较差，如图 5-11 所示。该结论与董喜斌等关于矩形贴壁风喷口的研究结果相同：喷口越狭长，贴壁风稳定性越差；贴壁风从方形横槽喷口喷

出后，其形成的保护膜呈竖直长条状，射流方向与烟气在炉内流动方向相同，因此其浓度梯度较小且混合速度较慢，加之该喷口上方的 O_2 气膜受伸入炉内的燃烧器喷口壁面的保护，因此贴壁风效果较好。三种贴壁风喷口形状下炉内高温腐蚀面积比 ε 变化见表 5-3。

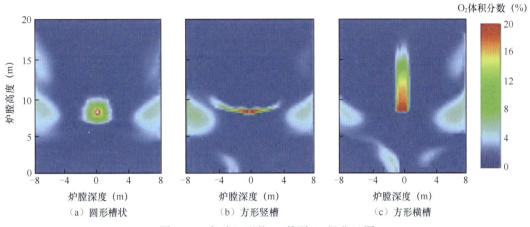

图 5-11　各喷口形状 P_0 截面 O_2 组分云图

表 5-3　　　　　　　　　变喷口形状下炉内高温腐蚀面积变化

贴壁风喷口形状	高温腐蚀面积比 ε 降低值（%）
圆形槽状	4.23
方形竖槽状	2.42
方形横槽状	5.70

由表 5-3 可知，圆形槽状及方形横槽状喷口形状可以显著降低水冷壁近壁处高温腐蚀面积，可以有效缓解炉内高温腐蚀现象，但燃煤电厂锅炉采用方形横槽状布置时，需要在水平方向上占用较多的长度，显著增加了水冷壁管的让管难度，不利于工程实际改造。因此，在贴壁风喷口形状选择方面，应综合高温腐蚀缩小面积及工程实际改造难度，在高温腐蚀缩小面积变化不大的前提下，尽量采用圆形槽状喷口以降低工程改造难度，以较低的综合改造成本换取最大的高温腐蚀缩小面积。

（二）贴壁风前、后墙布置数值模拟研究

在对贴壁风前、后墙布置的数值模拟研究中，陈敏生等对某 600MW 超临界前、后墙旋流对冲燃烧锅炉加装前、后墙贴壁风后的流场进行了模拟研究。研究表明，在锅炉前、后墙靠近侧墙处共加装 12 个圆形贴壁风喷口后，贴壁风率达到 7.64%，当贴壁风喷口采用设计风速（55m/s）时，对冲射流可直接穿透至侧墙中心；当贴壁风喷口处速度降低至 20～25m/s 时，贴壁风射流从喷口射出后其速度快速衰减，最终在水冷壁侧墙中点处射流速度值为 2～4m/s，可以达到使 O_2 膜覆盖侧墙的要求。

在对比加装前、后墙贴壁风前后炉内冷态动力场及 O_2、CO 体积分数的数值模拟研究中，方志星等基于数值模拟技术对某 660MW 亚临界前、后墙旋流对冲锅炉开展了数

值模拟研究。如图 5-12（a）所示，该锅炉在前、后墙靠近侧墙处共加装 8 只圆形贴壁风喷口后，贴壁风射流在侧墙表面形成了一层气膜，在稀释还原性气体体积分数的同时，也有效缓解了未燃尽碳粒对侧墙的冲刷，加之射入炉膛的贴壁风中 O_2 含量较高，对未燃尽碳粒有补充燃烧的效果，从而进一步降低了侧墙水冷壁近壁处还原性气体的体积分数。如图 5-12（b）～图 5-12（c）所示，O_2、CO 体积分数的变化中，侧墙附近中层燃烧器 L1、下层燃烧器 L2、下层燃尽风 L3、上层燃尽风 L4 的组分场中，前、后墙增设贴壁风显著提升了侧墙附近 O_2 的体积分数并显著降低了 CO 的体积分数。但前、后墙布置贴壁风后，左、右侧墙中心及两侧 O_2 体积分数仍低于 0.5%，CO 体积分数仍高于 3%，表明前、后墙布置贴壁风并不能在侧墙处完全形成 O_2 保护膜。

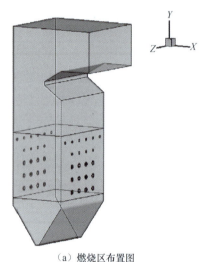

（a）燃烧区布置图

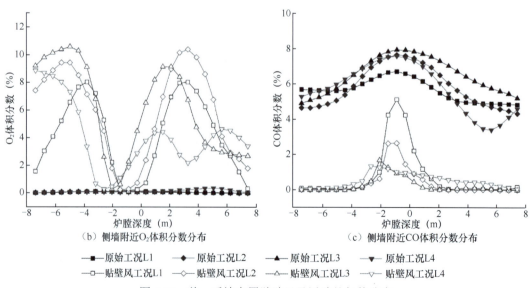

（b）侧墙附近 O_2 体积分数分布　　　　（c）侧墙附近 CO 体积分数分布

━■━ 原始工况L1　　━◆━ 原始工况L2　　━▲━ 原始工况L3　　━▼━ 原始工况L4
━□━ 贴壁风工况L1　　━◇━ 贴壁风工况L2　　━△━ 贴壁风工况L3　　━▽━ 贴壁风工况L4

图 5-12　前、后墙布置贴壁风及近壁处气体分布

相类似的研究中，陈勤根等对某 660MW 超临界旋流对冲锅炉开展了前、后墙贴壁风改造的数值模拟研究。如图 5-13（a）所示，该研究中锅炉在前、后墙燃烧器层靠近侧墙处共加装了 12 个圆形贴壁风喷口，增设贴壁风对水冷壁近壁处 O_2 体积分数的提升及 CO 体积分数的降低与方志星等人的研究结论相类似。除 O_2、CO 体积分数外，陈勤根等对水冷壁近壁处 H_2S 气体的分布情况也作了研究，如图 5-13（b）、图 5-13（c）所示，贴壁风射流进入炉内后显著降低了左、右侧墙中心线两侧区域的 H_2S 含量，降低了侧墙水冷壁近壁处的还原性气体体积分数，但为保证左、右侧墙水冷壁整体具有较好的 O_2 膜覆盖效果，贴壁风采用较高的风速使其具有较高的射流刚性，因此在两侧墙靠近前、后墙处 H_2S 含量仍处于较高水平，这也是前、后墙布置贴壁风的不足之处。

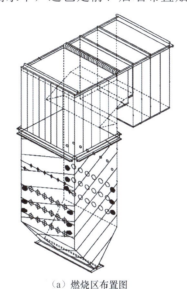

（a）燃烧区布置图

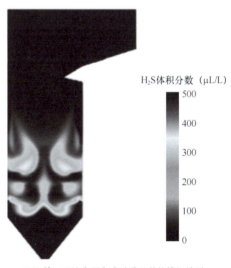

（b）基础工况数值模拟结果　　（c）前、后墙布置方式贴壁风数值模拟结果

图 5-13　前、后墙布置贴壁风及近壁处 H_2S 分布

上述基于三种不同锅炉开展的数值模拟研究中，贴壁风喷口相关特性见表 5-4。由表 5-4 可以看出，前、后墙增设贴壁风可以显著降低侧墙水冷壁近壁处还原性气体体积分数、提高 O_2 含量并增强气流扰动。但是前、后墙增设的贴壁风喷口普遍采用在靠近侧墙处布置圆形喷口，并采用较高的射流速度以确保 O_2 膜的覆盖范围，而其较高的射流速度和较强的气流刚性导致贴壁风气流冲出贴壁风口后对两侧墙靠近前、后墙处的覆盖性较差，导致增设贴壁风后该区域内仍然存在较高的还原性气氛；加之贴壁风从前、后墙贴壁风口喷出后其射流方向垂直于炉内烟气上升方向，导致其射流速度在水平方向衰减较快，两侧贴壁风未到达侧墙中心便速度衰减为零，从而使得侧墙中心处 O_2 膜覆盖效果较差、改造效果一般，只能缓解局部区域的高温腐蚀现象。因此，单独采用前、后墙贴壁风布置方式可以在一定程度上缓解高温腐蚀现象，但其对侧墙水冷壁整体覆盖较差，无法全面预防侧墙水冷壁的高温腐蚀现象。

表 5-4 前、后墙贴壁风喷口特性

喷口形状	数量（个）	直径（mm）	速度（m/s）	总风量占比（%）
圆形	12	430	12	7.64
圆形	8	450	8	5
圆形	6	150	6	3.91

（三）贴壁风左、右墙布置数值模拟研究

左、右侧墙布置贴壁风方案的数值模拟研究中，杨振等基于某 650MW 超临界前、后墙对冲燃烧锅炉开展了关于不同贴壁风喷口配风方式及贴壁风率耦合内、外二次风配比的数值模拟研究。如图 5-14（a）所示，该研究中锅炉在左、右侧墙中心线两侧及中心线处共对称布置 16 只喷口直径为 428mm 的圆形喷口，各贴壁风喷口均与各层燃烧器处于同一高度。研究结果表明，在控制内、外二次风配比不变的情况下，采用中层及上层燃烧器层贴壁风的风速略高于下层燃烧器层贴壁风风速，且采用较高的贴壁风率（3.53%）的贴壁风喷口配风方式可以显著降低侧墙近壁处的 CO 体积分数，使水冷壁近壁处大部分区域 CO 体积分数低于 1%，如图 5-14（b）所示。但采用左、右侧墙配风方式仍然会使侧墙水冷壁近壁处距离贴壁风喷口较远处有较高的 CO 体积分数。

相类似的研究中，朱宣而等基于某 650MW 超临界前、后墙对冲燃烧锅炉开展了左、右侧墙布置贴壁风的数值模拟。该研究中锅炉贴壁风喷口同样采用图 5-14（a）所示的布置形式，贴壁风取自于燃尽风且采用上、下层燃烧器层贴壁风喷口气流速度小于中层燃烧器层及侧墙中心线贴壁喷口气流速度的布置方式。研究结果表明，该种贴壁风喷口布置方式可以交叉形成较好的 O_2 气膜，距离侧墙水冷壁 30mm 处平面改造前后 CO 浓度高于 3% 的面积减小了 77.18%，显著降低了水冷壁近壁处的还原性气体体积分数，如图 5-15 所示。但在水冷壁近壁处两侧及下部区域 CO 含量因贴壁风气流与烟气气流碰撞

形成锋面导致其数值仍然偏高，这也是左、右侧墙布置贴壁风喷口的主要瓶颈所在，如图 5-15（b）所示。

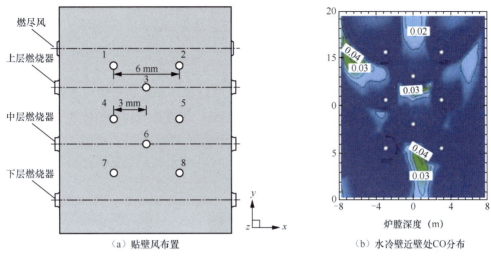

（a）贴壁风布置　　　　　　　　　（b）水冷壁近壁处CO分布

图 5-14　左、右侧墙布置贴壁风与 CO 分布

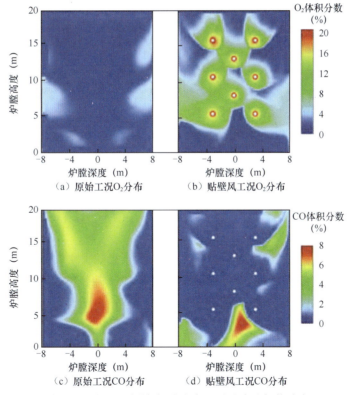

（a）原始工况O₂分布　　　　　　　　（b）贴壁风工况O₂分布

（c）原始工况CO分布　　　　　　　　（d）贴壁风工况CO分布

图 5-15　左、右侧墙布置贴壁风后近壁处气体分布

在左、右侧墙采用其他形状贴壁风喷口的数值模拟研究中，陈勤根等基于某 660MW

超临界前、后墙对冲旋流锅炉进行了高温腐蚀改造的数值模拟研究。该研究中锅炉的左、右侧墙采用矩形横向布置方式，在三层燃烧器层高度共布置 6 个贴壁风喷口。数值模拟研究结果表明，贴壁风喷口采用矩形横向布置时，贴壁风射流进入炉膛后其射流方向迅速与炉内烟气流动方向保持一致，导致沿炉膛高度方向（即炉内烟气流动方向）O_2 体积分数变化梯度很小，加之伸入炉内的贴壁风横向喷口也可以对喷口上方的 O_2 膜形成很好的保护作用，从而使喷口上方大部分面积保持较高的 O_2 体积分数，O_2 膜形成良好，如图 5-16 所示。还原性气体方面，左、右墙贴壁风喷口采用矩形横向布置后，侧墙中心及上层燃烧器以上区域 CO、H_2S 含量显著降低，还原性气体体积分数明显减小，但由图 5-16（b）、图 5-16（c）可知，两侧墙靠近前、后墙区域由于贴壁风气流从矩形横向喷口喷出后，其水平流速过小，无法达到靠前、后侧墙区域，从而使得该部分区域仍然存在较高的高温腐蚀风险。

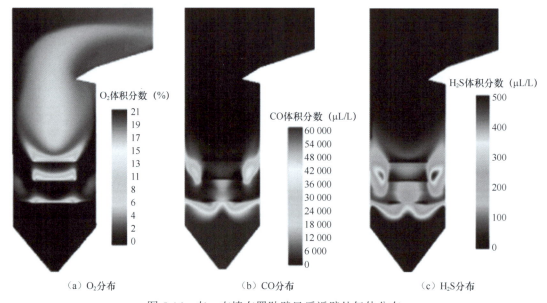

（a）O_2分布　　　　　　（b）CO分布　　　　　　（c）H_2S分布

图 5-16　左、右墙布置贴壁风后近壁处气体分布

上述采用左、右侧墙布置贴壁风喷口的数值模拟研究中，贴壁风喷口特性见表 5-5。由表 5-5 可知，左、右两侧墙贴壁风采用矩形喷口时，水冷壁近壁处中、上层燃烧器高度处还原性气体体积分数低于采用圆形喷口时的体积分数；由于圆形喷口射流对喷口下部区域烟气有阻碍作用，因此采用圆形喷口时，水冷壁近壁处下层燃烧器高度处的还原性气体体积分数较矩形喷口明显下降。左、右侧墙布置贴壁风时，圆形、矩形贴壁风口喷口喷出的射流方向受炉内上升烟气流动方向影响，导致其水平方向分速度较小，射流气流无法到达侧墙靠近前、后墙处，从而使该部分区域内还原性气体体积分数仍然较高。因此，单独采用左、右侧墙贴壁风布置只能对侧墙中心线两侧区域形成较好的 O_2 膜防护，仍然无法降低两侧墙靠近前、后墙区域的还原性气体体积分数。

表 5-5 左、右侧墙贴壁风喷口特性

形状	数量（个）	尺寸（mm×mm）	速度（m/s）	总风量占比（%）
圆形	16	428	30～35	3.47
矩形	6	—	5～8	3.91
圆形	16	428	30～35	3.73

（四）组合式贴壁风布置的数值模拟研究

前、后墙布置贴壁风和左、右墙布置贴壁风能够显著降低炉内侧墙水冷壁近壁处还原性气体体积分数，但两种布置方式均不能实现对炉内侧墙水冷壁近壁处全范围 O_2 气膜的覆盖，使侧墙水冷壁部分区域仍存在较高的发生高温腐蚀的概率，因此对燃煤电厂锅炉的前、后墙及左、右两侧墙同时加装贴壁风喷口，形成组合式贴壁风喷口布置方式理应在 O_2 气膜的分布及还原性气体体积分数的降低方面有着更优异的表现。

在组合式贴壁风布置的数值模拟研究中，陈天杰等基于某 660MW 前、后墙对冲燃烧锅炉对组合式贴壁风开展了数值模拟研究。如图 5-17（a）所示，该研究采用在前、后墙的上层、下层燃烧器标高线下 0.6m 处共装设 8 个直径为 320mm 的圆形喷口、在左、右侧墙相邻两层燃烧器中间处加装共 4 个尺寸为 1346mm×10mm 的矩形燃烧器喷口，从而形成组合式贴壁风布置。研究发现，采用组合式贴壁风布置后，左、右侧墙水冷壁近壁处 O_2 体积分数基本可以达到 2% 以上，近壁位置处于较高的氧气浓度下，基本不会发生高温腐蚀现象。如图 5-17（b）所示，侧墙水冷壁近壁处 O_2 浓度沿炉膛高度在 7～16m 之间变化时，侧墙中心及其附近区域的 O_2 浓度也基本上达到 2% 以上，从而证明了采用组合式贴壁风能够使左、右侧墙水冷壁得到较高的 O_2 气膜覆盖效果，可以有效地全面降低侧墙水冷壁发生高温腐蚀的概率。

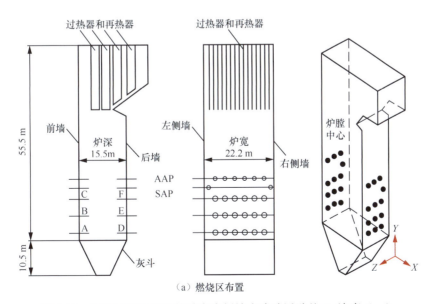

（a）燃烧区布置

图 5-17 燃烧区布置及沿炉膛高度侧墙水冷壁近壁处 O_2 浓度（一）

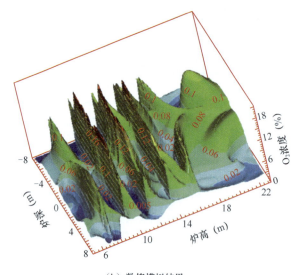

（b）数值模拟结果

图 5-17　燃烧区布置及沿炉膛高度侧墙水冷壁近壁处 O_2 浓度（二）

组合式贴壁风在侧墙水冷壁近壁处 CO 体积分数的数值模拟研究中，姚露等采用数值模拟方法对某 660MW 前、后对冲旋流燃烧锅炉加装组合式贴壁风前后 CO 体积分数的变化开展了研究。如图 5-18（a）所示，该研究中锅炉采用前、后墙布置三层圆形喷口，左、右墙布置槽型喷口的组合式贴壁风布置方式，贴壁风率为 4.35%。研究表明，采用组合式贴壁风后，贴壁风携带较高浓度的 O_2 由前、后墙和左、右侧墙喷口喷入炉膛，给未燃尽煤粉补给 O_2 的同时在侧墙水冷壁近壁处形成了较完整的 O_2 膜。如图 5-18（b）、图 5-18（c）所示，距离侧墙水冷壁 10mm 处近壁面处各层燃烧器及最上层燃烧器与燃尽风的中心线 l_1、l_2、l_3 处的 O_2 浓度大幅增加、CO 浓度大幅降低，水冷壁近壁处还原性气氛得到显著缓解。

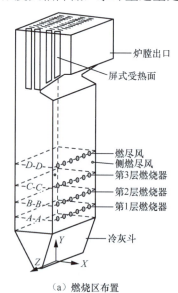

（a）燃烧区布置

图 5-18　燃烧区布置及组合式贴壁风下水冷壁近壁处气体分布（一）

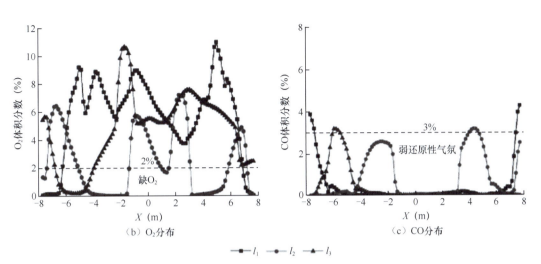

（b）O₂分布

（c）CO分布

——■—— l_1 ——●—— l_2 ——▲—— l_3

图 5-18 燃烧区布置及组合式贴壁风下水冷壁近壁处气体分布（二）

采用组合式贴壁风后另一种还原性气体 H_2S 的数值模拟研究中，陈勤根等基于某 660MW 超临界前、后墙对冲旋流锅炉开展了研究。研究证明，采用组合式贴壁风后，较基础工况而言，侧墙水冷壁近壁处沿炉膛高度、深度方向上，H_2S 体积分数均显著降低，水冷壁近壁处还原性气氛得到明显改善，如图 5-19 所示。

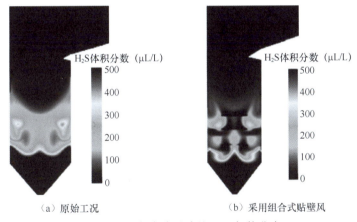

（a）原始工况 （b）采用组合式贴壁风

图 5-19 水冷壁近壁处 H_2S 气体分布

综上所述，燃煤电厂锅炉采用组合式贴壁风布置后，侧墙水冷壁近壁处还原性气体 CO、H_2S 体积分数显著降低，水冷壁近壁处 O_2 膜的形成明显好于前、后墙单独布置或左、右墙单独布置时，但该方法需要炉膛四面墙均进行让管处理，显著提升了锅炉的让管难度。由图 5-17～图 5-19 可知，采用组合式贴壁风布置时，虽然侧墙水冷壁近壁处大部分区域还原性气氛得到显著改善，但两侧墙靠近前、后墙处等较小区域中的还原气体浓度仍较高，存在发生高温腐蚀的风险。其原因为贴壁风射流在炉内上升气流的运动干扰下，水平速度往往小于竖直速度，导致贴壁风在左、右侧墙水平方向衰减梯度较大，加之目前组合式贴壁风的数值模拟研究中，喷口布置方式较为单一，忽略了贴壁风耦合炉内烟气流动的动力场特性，且前、后侧墙与左、右侧墙的贴壁风率分配比也较为单一。因此，在今后的研究中，基于组合式贴壁风的喷口布置形式、贴壁风率分配比及整炉膛的冷态动力场特性研究是重点、热点的学术课题研究方向，也是工程实际中所重点关注的方向。

（五）不同贴壁风布置方式对 NO_x 排放的影响

燃煤电厂锅炉内部 NO_x 主要由燃料型、热力型及快速型 NO_x 组成，锅炉炉膛内高温、氧气含量充足、CO 体积分数较低时，会导致燃料型、热力型 NO_x 的生成量增加，因此，燃煤电厂锅炉布置贴壁风势必会对炉内 NO_x 生成量造成影响。

在炉膛不同的位置布置贴壁风与炉膛出口处 NO_x 浓度的关系研究中，陈敏生等、李春曦等、姚露等分别基于前、后墙，左、右墙及全墙组合式布置方式开展了数值模拟研究，研究均表明增设贴壁风会引起炉膛出口处 NO_x 含量上升。

三种不同的贴壁风布置方式下炉膛出口 NO_x 排放质量浓度的整体对比研究中，陈勤根等基于某 660MW 超临界前、后墙对冲旋流锅炉开展了数值模拟研究。研究表明，三种不同的贴壁风布置方式均会引起炉膛出口处 NO_x 质量浓度增加，其中全墙组合式贴壁风布置方式的 NO_x 增加幅度最大，前、后墙贴壁风布置方式的 NO_x 排放量也出现较为显著的增加，如图 5-20 所示。全墙组合式前、后墙配风方式均能对随着一次风气流射入炉膛内的煤粉起到明显的助燃作用，从而使燃尽风喷口以下区域中煤粉的燃烧更加充分、温度更高，从而引起 NO_x 排放量上升，加之在侧墙水冷壁近壁处形成了高 O_2 浓度、低 CO 浓度的气氛，使得炉内 NO_x 体积分数进一步升高，最终导致炉膛出口处 NO_x 排放量显著提升。

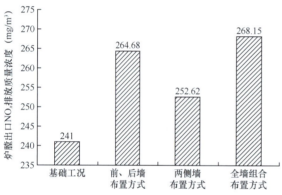

图 5-20　三种不同的贴壁风布置方式炉膛出口 NO_x 排放质量浓度

综上所述，燃煤电厂锅炉增设贴壁风喷口可以明显缓解水冷壁高温腐蚀的现象，但增设贴壁风后由于贴壁风射流引起炉内 O_2 体积分数增高，削减了经过超低排放改造后锅炉的炉内空气分级，使得炉内 NO_x 含量上升，加之贴壁风改造后，燃烧区未燃尽煤粉在贴壁风射流 O_2 环境下充分燃烧及炉内 CO 体积分数明显下降，使炉内温度和 O_2 体积分数升高，造成热力型、燃料型 NO_x 含量进一步上升，不利于锅炉污染物排放控制。因此，燃煤电厂锅炉增设贴壁风应综合考虑炉内高温腐蚀及污染物排放问题，从而使燃煤锅炉平稳、安全运行。

四、贴壁风改造的工程应用与技术路线

基于数值模拟技术对燃煤电厂锅炉在工程实际中遇到的问题开展研究虽然可以以较低的成本和较短的时间快速得到多工况下多场数据，但是其不能将燃煤锅炉在实际投运时煤粉分配不均、同层二次风量分配不均等误差影响纳入考虑范畴之内，因此，对于

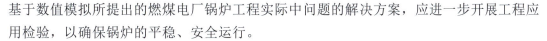

基于数值模拟所提出的燃煤电厂锅炉工程实际中问题的解决方案，应进一步开展工程应用检验，以确保锅炉的平稳、安全运行。

（一）贴壁风改造的工程应用

前、后墙布置贴壁风的工程应用中，陈敏生等基于数值模拟的结果对某 600MW 前、后墙对冲旋流锅炉开展了贴壁风改造后的工程应用。改造后实际投运时发现，炉内高温受热面部分工况出现超温现象，屏式过热器出口管壁温度上升至 633℃。其原因为贴壁风风量和风速过大，贴壁风率达到 7.64%，导致风源为二次风的贴壁风阻力小于同层燃烧器内、外二次风及燃尽风阻力，使较多的二次风通过贴壁风喷口进入炉内，造成炉内冷态动力场分布不均、煤粉燃烧尽度下降、炉内火焰中心上移，从而造成高温受热面超温。通过关小贴壁风管道调节阀，降低贴壁风风量后，得到了较好的炉内气流冷态动力场，解决了超温问题并有效降低了侧墙水冷壁近壁处还原性气体浓度。改造后的锅炉持续运行 1 年未停运检查，运行过程中侧墙水冷壁近壁处 CO 和 H_2S 体积分数已降低至安全水平，水冷壁高温腐蚀状况应可以明显改善。

左、右两侧墙布置贴壁风的工程应用中，李春曦等基于某 600MW 超临界对冲旋流锅炉对左、右墙增设贴壁风方案开展数值模拟和实际运行实验研究。该锅炉贴壁风采用第一层和第三层布置 1 个喷口、中间两层燃烧器布置 3 个喷口，共 16 个喷口的布置方式。通过测量在 600MW 负荷下侧墙水冷壁 O_2、H_2S 体积分数探究贴壁风改造效果，研究表明在 600MW 实验负荷下，原高温腐蚀严重区域的 O_2 平均体积分数增高、H_2S 体积分数下降；左、右墙整体 H_2S 平均体积分数分别下降 69.76%、73.86%，NO_x 平均浓度上升 3.22%。由试验结果可知，该锅炉整体改造效果良好，有效降低了两侧墙水冷壁的还原性气体体积分数，提升了近壁面处 O_2 浓度，有效缓解了锅炉水冷壁高温腐蚀现象。

组合式贴壁风布置的工程应用中，陈勤根等将改造方案的数值模拟研究结果应用于某 600MW 对冲旋流燃烧锅炉，贴壁风率 2.23%。实际投运后对侧墙近壁面处还原性气体 CO、H_2S 及 O_2 体积分数进行了测量，研究表明两侧墙的 O_2 浓度由 0.24%、0.26% 分别增加至 3.02%、2.52%，H_2S 体积分数分别降低至 69.57μL/L、85.27μL/L，降幅分别达 75.57%、71.06%，CO 体积分数分别降低至 1.68%、1.96%，降幅分别达 69.95%、64.23%，而 SCR 入口 NO_x 浓度由于贴壁风率较小而未引起显著变化。由测量结果可知，两侧墙近壁面处 O_2 含量显著上升，CO、H_2S 等还原性气氛大幅降低，从而显著改善了侧墙水冷壁处气氛特性，有效防止了锅炉侧墙水冷壁发生高温腐蚀现象。

综上所述，三种不同增设贴壁风的方式均可缓解炉内高温腐蚀现象。较数值模拟技术而言，工程测量无法给出较为直观的近壁处气体体积分数分布，因此对刚完成贴壁风改造的锅炉进行基于有限点处的测量，只能反映侧墙水冷壁处整体气氛特性的趋势，无法反映侧墙水冷壁局部特征。而鉴于数值模拟结果，前、后墙布置贴壁风及左、右墙布置贴壁风在水冷壁侧墙局部区域仍不能有效降低还原性气氛，长期运行时这些区域存在较高的发生高温腐蚀的可能性，因此对采用前、后墙和左、右墙布置贴壁风的锅炉应开展长期跟踪测量及监控，以确保该两种方法的长期有效性。通过以上研究内容的对比可以发现，组合式贴壁风可以以较小的贴壁风率达到更加优异的改造效果，同时较小的贴壁风率也不会过多削弱炉内的空气分级，从而在改善侧墙水冷壁近壁处气体特性的同时对炉内 NO_x 含量产生尽量小的影响。因此，基于组合式贴壁风布置方式对燃煤电厂锅炉开展贴壁风改造是未来热门、重点的研究方向。

（二）贴壁风改造技术路线

高温腐蚀是目前我国燃煤电厂急需解决的难疾之一。在众多解决方法中，贴壁风改造凭借其较低的成本和较成熟的技术，有效地降低水冷壁近壁处还原性气体体积分数、提升近壁面处 O_2 体积分数，从而显著缓解炉内的高温腐蚀现象。鉴于不同的锅炉所选用的燃烧器、布置形式、负荷及燃用煤质的不同，在对燃煤电厂锅炉开展贴壁风改造时，应遵循下述技术路线（见图 5-21）。

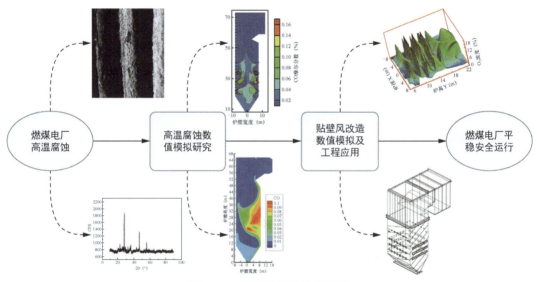

图 5-21　贴壁风改造技术路线

（1）对发生高温腐蚀的燃煤锅炉，分析其入炉煤质，并在锅炉大修期间对其高温腐蚀物进行化学分析，以确定发生高温腐蚀的诱因。

（2）对发生高温腐蚀的燃煤锅炉开展基于原工况下的数值模拟研究，以确定发生高温腐蚀处气体组分分布情况。

（3）设计贴壁风布置方式及设置对组对照工况，并基于该布置方式开展数值模拟研究，通过多工况对比分析水冷壁近壁处 O_2、CO、H_2S、NO_x 等气体体积分数，从而确定贴壁风布置方式、贴壁风喷口形状、贴壁风流速及贴壁风率等关键参数。

（4）对原锅炉进行贴壁风改造工作，并基于数值模拟结果开展基于多负荷下的试运行，调试改造后的锅炉以达到平稳、安全运行。

（5）对改造后的锅炉开展水冷壁近壁处气体组分检测及分析，确保改造后的锅炉水冷壁近壁处还原性气体体积分数出现明显下降，并对该燃煤锅炉长期跟踪测量，以确保改造后的燃煤锅炉不再发生高温腐蚀现象。

第二节　深度调峰下高温腐蚀改造数值模拟

一、锅炉基本情况

某电厂 600MW 机组 2 号锅炉基本情况见第二章第一节，锅炉总图如图 5-22 所示。燃烧器采用按 BHK 技术设计的性能优异的低 NO_x 旋流式煤粉燃烧器（HT－NR3），组织对冲燃烧，满足燃烧稳定、高效、可靠、低 NO_x 的要求。

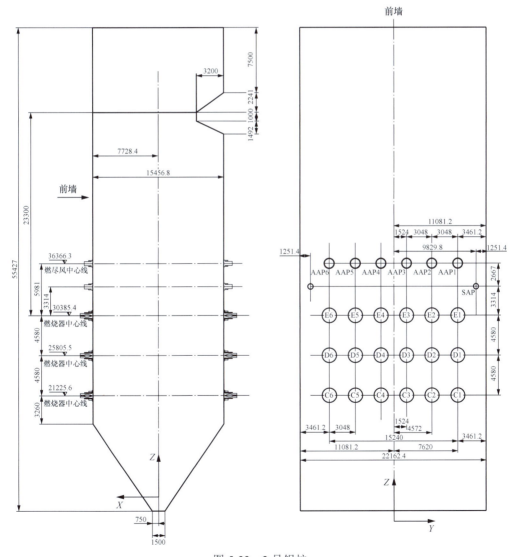

图 5-22　2 号锅炉

本工程模拟计算煤质为设计煤种，参数见表 2-2。

制粉系统为中速磨正压直吹式系统。磨煤机为 HP1003 型中速辊式磨煤机，共 6 台。燃用设计煤种时，其中一台备用。设计煤种煤粉细度为 $R_{90}=25\%$，均匀细数 $n=1.1$。

（一）燃烧器的主要设计参数（见表 5-6）

表 5-6　　　　　　　　燃烧器主要设计参数（设计煤种,BMCR 工况）

项目	单位	数值
燃烧器区域过量空气系数		1.14
一次风量（含密封风）	kg/s	136
二次风量（含燃尽风）	kg/s	450.5
燃尽风量	kg/s	175
燃烧器投运层的二次风风量（单层）	kg/s	55.1
二次风温	℃	341
一次风温	℃	77
实际煤耗量	kg/s	65.8
运行燃烧器数量	只	30

（二）燃烧设备

燃烧设备系统为前、后墙布置，采用对冲燃烧、旋流式燃烧器系统，风、粉气流从投运的煤粉燃烧器、燃尽风喷进炉膛后，各只燃烧器在炉膛内形成一个独立的火焰。

前、后墙各布置 3 层 HT－NR3 燃烧器，每层 6 只；同时在前、后墙各布置一层燃尽风喷口，其中每层 2 只侧燃尽风喷口，6 只燃尽风喷口。每台磨煤机带 1 层中的 6 只燃烧器。燃烧设备的布置简图如图 5-23 所示。

前墙

E6	E5	E4	E3	E2	E1
D6	D5	D4	D3	D2	D1
C6	C5	C4	C3	C2	C1

左侧墙　　右侧墙

后墙

B1	B2	B3	B4	B5	B6
F1	F2	F3	F4	F5	F6
A1	A2	A3	A4	A5	A6

右侧墙　　左侧墙

图 5-23　燃烧设备的布置简图

燃烧器层间距为 4579.9mm，燃烧器列间距为 3048mm，上层燃烧器中心线距屏底距离约为 23.3m，下层燃烧器中心线距冷灰斗拐点距离为 3.26m。最外侧燃烧器中心线与侧墙距离为 3461.2mm，燃尽风距最上层燃烧器中心线距离为 5980.9 mm。

燃烧器配风分为一次风、内二次风和外二次风，通过一次风管、燃烧器内同心的内二次风和外二次风环形通道，在燃烧的不同阶段分别送入炉膛，其中内二次风为直流，外二次风为旋流。

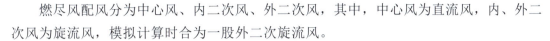

燃尽风配风分为中心风、内二次风、外二次风，其中，中心风为直流风，内、外二次风为旋流风，模拟计算时合为一股外二次旋流风。

侧燃尽风主要由中心风、外二次风组成，其中，中心风为直流风，外二次风为旋流风。

二、数值模拟分析

（一）计算目的

为研究增加贴壁风系统装置后对炉膛水冷壁高温腐蚀情况的改善效果，以某电厂 2 号炉改造项目为基础进行了不同设计工况的模拟计算，以评估增加贴壁风装置前后炉内流场、温度分布、焦炭燃尽情况，以及炉膛水冷壁近壁面区域 CO 分布和颗粒相浓度分布等参数的变化情况。

本次模拟总共进行了以下四个工况的分析计算。

（1）工况 1：原始锅炉工况。

（2）工况 2：在工况 1 基础上增加前、后墙贴壁风，风速 30m/s。

（3）工况 3：在工况 2 基础上增加侧墙贴壁风口。

（4）工况 4：在工况 3 基础上提高前、后墙贴壁风速，风速约 55m/s。

（5）工况 5：在工况 3 仅维持侧墙贴壁风不变，前、后墙采用新型贴壁风设计理念，重新设计前、后墙贴壁风。

模拟分析采用的煤质参数见表 5-7。

表 5-7　　　　　　　　　　　模拟分析采用的煤质参数

参数		单位	收到基	干燥无灰基
工业分析	水分	%	12.7	—
	挥发分	%	2	40.08
	灰分	%	12.54	—
	固定碳	%	47.43	59.92
	低位发热量	kJ/kg	22800	—
元素分析	C	%	60.51	—
	H	%	3.62	—
	O	%	9.5	—
	N	%	0.7	—
	S	%	0.43	—

（二）计算模型与方法

对主要研究区域进行分析建模，建模比例为 1∶1，炉膛建模尺寸为深 15456.8mm（X 轴）×宽 11081.2mm（Y 轴）×高 55427mm（Z 轴），如图 5-24 所示。

计算时采用 SIMPLE 算法对压力—速度耦合进行求解；采用标准离散方式求解压力；用非预混燃烧模型模拟煤粉气流燃烧；气相湍流燃烧采用混合分数—概率密度函数 PDF 模型；煤粉燃烧过程中各相辐射传热采用 P1 辐射模型进行计算。

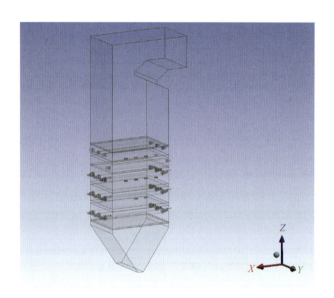

图 5-24　计算模型

　　模拟分为冷态模拟和热态模拟。首先进行冷态模拟，通过冷态模拟既可以了解掌握燃烧器空气动力场特性，为燃烧器的设计提供可靠的理论依据，又可以为热态模拟打下基础，使热态计算更好更快地达到收敛。热态模拟是在冷态模拟结果的基础上，通过启用 PDF 模型、辐射模型等，来模拟全炉膛的温度和热负荷分布及主要组分的摩尔浓度分布。

（三）模拟结果统计

（1）工况 1（原始锅炉工况）计算结果统计如图 5-25 所示。

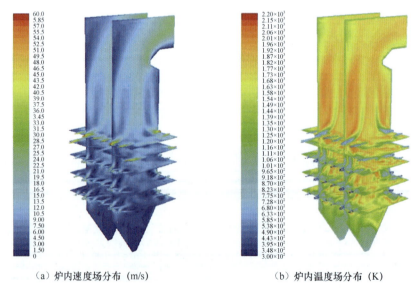

（a）炉内速度场分布（m/s）　　　　　（b）炉内温度场分布（K）

图 5-25　工况 1 模拟结果（一）

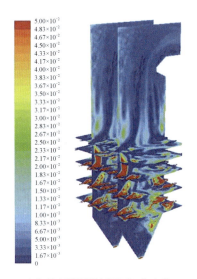
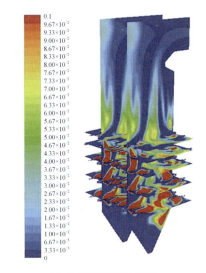

（c）炉内颗粒相浓度分布（kg/m³）　　　　　（d）炉内CO摩尔浓度分布

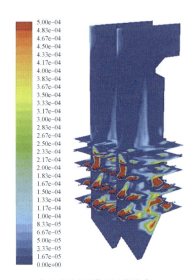

（e）炉内H₂S摩尔浓度分布

图 5-25　工况 1 模拟结果（二）

（2）工况 2（在工况 1 基础上增加前、后墙贴壁风）计算结果统计如图 5-26 所示。

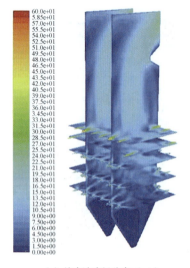

（a）炉内速度场分布（m/s）

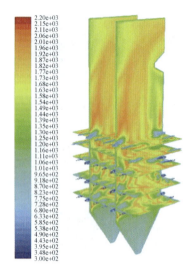

（b）炉内温度场分布（K）

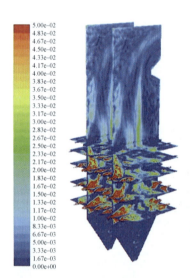

（c）炉内颗粒相浓度分布（kg/m³）

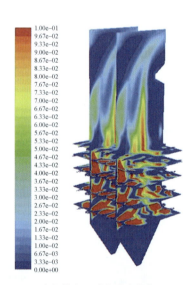

（d）炉内CO摩尔浓度分布

图 5-26　工况 2 模拟结果（一）

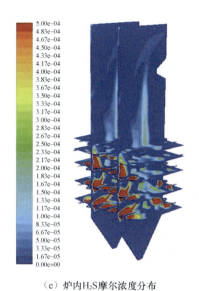

（e）炉内H$_2$S摩尔浓度分布

图 5-26　工况 2 模拟结果（二）

（3）工况 3（在工况 2 基础上增加侧墙贴壁风）计算结果统计如图 5-27 所示。

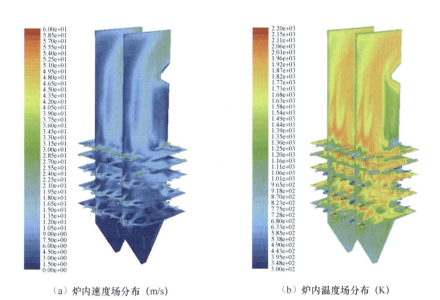

（a）炉内速度场分布（m/s）　　　　　（b）炉内温度场分布（K）

图 5-27　工况 3 模拟结果（一）

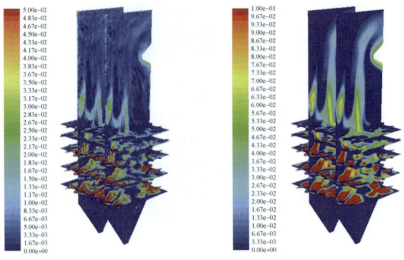

（c）炉内颗粒相浓度分布（kg/m³）　　　　　　　　（d）炉内CO摩尔浓度分布

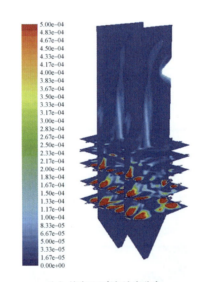

（e）炉内H₂S摩尔浓度分布

图 5-27　工况 3 模拟结果（二）

（4）工况 4（在工况 3 基础上提高前、后墙贴壁风设计风速）计算结果统计如图 5-28 所示。

（a）炉内速度场分布（m/s）

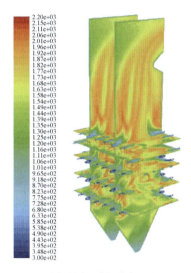

（b）炉内温度场分布（K）

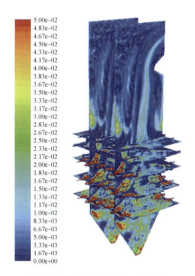

（c）炉内颗粒相浓度分布（kg/m³）

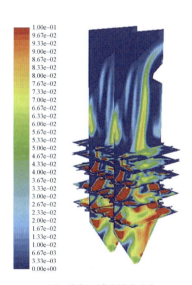

（d）炉内CO摩尔浓度分布

图 5-28　工况 4 模拟结果（一）

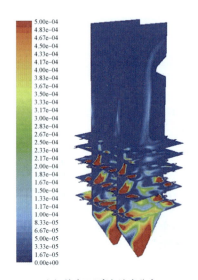

（e）炉内H_2S摩尔浓度分布

图 5-28　工况 4 模拟结果（二）

（5）工况 5（在工况 3 基础上，维持侧墙贴壁风不变，前、后墙贴壁风采用新型贴壁风设计理念）计算结果统计如图 5-29 所示。

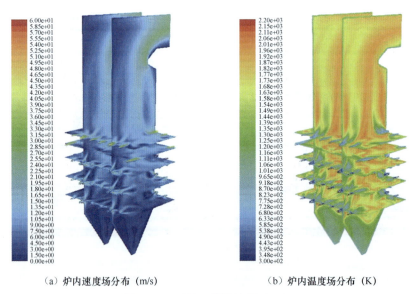

（a）炉内速度场分布（m/s）　　　　（b）炉内温度场分布（K）

图 5-29　工况 5 模拟结果（一）

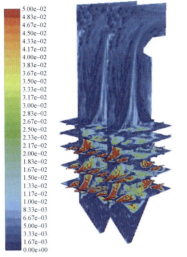

（c）炉内颗粒相浓度分布（kg/m³）

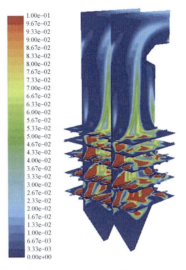

（d）炉内CO摩尔浓度分布

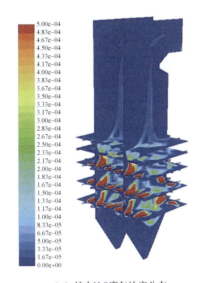

（e）炉内H₂S摩尔浓度分布

图 5-29　工况 5 模拟结果（二）

三、结论与分析

（1）从各方案的速度场、温度场可以看出，各工况下整个炉膛内流场组织良好，燃烧区域火焰充满度良好，温度分布较均匀。

（2）从各工况焦炭燃尽度统计（见表 5-8）和颗粒相浓度、CO 浓度、H₂S 浓度分布统计图（见图 5-30～图 5-32）可以看出，增加了前、后墙贴壁风和侧墙贴壁风系统后，炉内燃烧动力场得到优化，对提高炉内煤粉颗粒燃尽率也有一定的效果。

表 5-8 模拟结果分析

工况	特点	焦炭燃尽度（%）
工况1	原始锅炉工况	95.70
工况2	在工况1基础上增加前、后墙贴壁风	96.30
工况3	在工况2基础上增加侧墙贴壁风	96.70
工况4	在工况3基础上提高前、后墙贴壁风设计风速	96.85
工况5	在工况3基础上，维持侧墙贴壁风不变，前、后墙贴壁风采用新型贴壁风结构设计	97.57

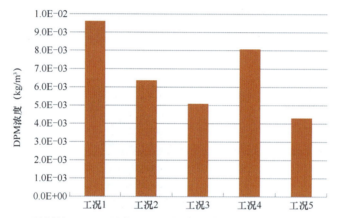

图 5-30 距侧墙 200mm 处各工况下炉膛近壁面区域颗粒相浓度平均值

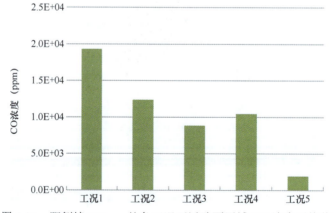

图 5-31 距侧墙 200mm 处各工况下近壁面区域 CO 浓度平均值

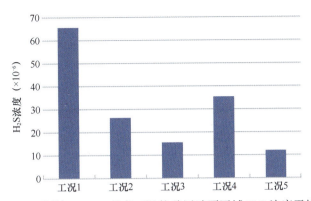

图 5-32　距侧墙 200mm 处各工况炉膛近壁面区域 H_2S 浓度平均值

（3）增加贴壁风系统装置后炉膛水冷壁高温腐蚀的情况有明显改善，有利于水冷壁高温腐蚀的防治。从工况 4 情况看，如果仅将前、后墙贴壁风风源进行改造，在风速提高，设计参数及贴壁风设计位置不恰当的情况下，反而会有一点负面影响，其主要原因是因为射流距离燃烧器较近，有一定的引射作用，导致煤粉颗粒浓度增加；也有可能是高速射流强化了靠近侧墙的混合，加强了局部燃烧，在缺氧下导致 H_2S 及 CO 增加。

（4）工况 3 对高温腐蚀有一定的缓解效果。

（5）如果需要达到非常好的改造效果，需要按照工况 5 方案对前、后墙贴壁风进行整体优化，但改造工作量较大，需要对水冷壁开孔进行重新设计和更换。

第三节　现场技术改造及燃烧优化措施

在锅炉两侧墙靠近炉膛中心区域各增加四层侧墙贴壁风喷口，上两层每层布置 4 只喷口，下两层每层布置 2 只喷口，每个喷口采用手动调节方式，风源取自热二次风，如图 5-33、图 5-34 所示。在锅炉两侧墙高温腐蚀严重区域增设一定数量的烟气分析取样管，以便测量侧墙壁面烟气气氛，评估高温腐蚀情况，并指导燃烧运行调整。新增贴壁风喷口水冷壁开孔，由弯制好的水冷壁管组整屏供至现场，水冷壁管两端在厂内做好坡口。侧墙贴壁风从两个热二次风主风道引风（炉左、右各 1 个），将热二次风引至侧墙贴壁风的风道系统，每层贴壁风布置 1 个电动风门，全炉共 8 个。视现场情况对钢架平台进行相应改造，以满足设备布置。

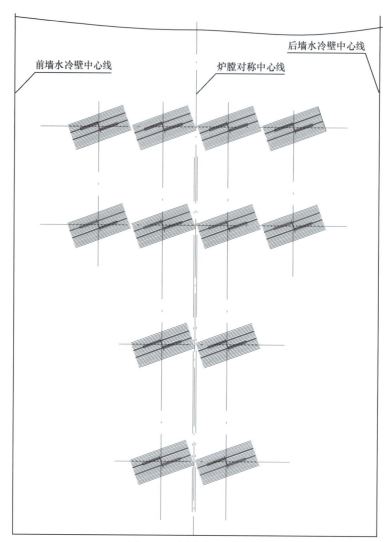

图 5-33　侧墙贴壁风布置

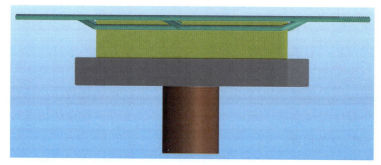

图 5-34　壁式贴壁风喷口

第六章 深度调峰下锅炉冷态动力场试验

本章主要以一台 600MW 燃煤机组为例，对锅炉深度调峰下冷态动力场进行了研究，包括一次风调平，一、二次风量标定，外二次风旋流挡板开度试验，水冷壁贴壁气氛测量，烟花试验等，为现场开展深度调峰技术改造提供了基础数据。

第一节 设 备 概 况

一、锅炉概况

本章研究的某电厂 2 号锅炉基本情况、主要参数、设计煤种和校核煤种资料等参见本书第二章第一节。

二、燃烧设备

（一）制粉系统

该机组采用中速磨直吹式制粉系统，每台锅炉配 6 台磨煤机，其中 1 台备用。煤粉细度 $R_{90}=25\%$。

（二）煤粉燃烧器

采用前、后墙对冲燃烧方式，燃烧器布置如图 6-1 所示。36 只 HT-NR3 低 NOx 旋流式燃烧器分三层分别布置在炉膛前、后墙螺旋水冷壁上，使沿炉膛宽度方向热负荷及烟气温度分布更均匀。

每层燃烧器一次风喷口中心线间的层间距离为 4579.9mm，同层燃烧器之间的水平距离为 3048mm，最上层燃烧器一次风喷口中心线到大屏底部距离为 22136.3mm，最下层燃烧器一次风喷口中心线到冷灰斗拐点距离为 3259.8mm。每层最外侧燃烧器到侧墙中心线的距离为 3461.2mm。燃烧器这样布置能够避免炉墙结渣及管屏发生高温腐蚀，使燃料有充足的燃尽空间。

在最上层燃烧器之上布置有燃尽风风口，16 只燃尽风风口分别布置在前、后墙上。前、后墙上中间 6 只燃尽风风口与最上层燃烧器一次风中心线的距离为 5980.9mm。前、后墙靠近两侧墙的 2 只燃尽风风口距离最上层燃烧器一次风中心线为 3313.8mm。

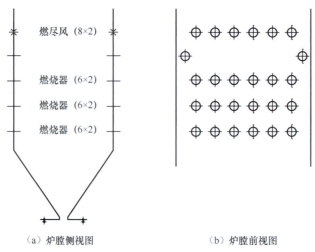

(a) 炉膛侧视图   (b) 炉膛前视图

图 6-1 燃烧器布置

在每只 HT-NR3 燃烧器中,燃烧的空气被分为三股:直流一次风、直流二次风和旋流二次风。燃烧器配风如图 4-1 所示。

(1) 一次风。一次风由一次风机提供。一次风管内靠近炉膛端部布置有一个锥形煤粉浓缩器。

(2) 直流二次风、旋流二次风。燃烧器风箱为每个 HT-NR3 燃烧器提供热的直流和旋流二次风。每个燃烧器设有一个风量均衡挡板,该挡板的调节杆穿过燃烧器面板,能够在燃烧器和风箱外方便地对该挡板的位置进行调整。

旋流二次风的旋流装置设计成可调节的型式,并设有执行器,可实现程控调节。调整旋流装置的调节导轴即可调节二次风的旋流强度。

(3) 燃尽风(OFA)。燃尽风风口包含两股独立的气流:中央部位为非旋转的气流,它直接穿透烟气进入炉膛中心;外圈气流是旋转气流,用于和靠近炉膛水冷壁的上升烟气进行混合。

(三)大风箱

炉膛燃烧器区域水冷壁外设有一只大风箱,大风箱被分隔成四层风室,每层燃烧器对应一个风室,燃尽风在单独的一个风室里。大风箱对称地布置在前后墙螺旋水冷壁上,每层风室入口设计的风速较低,在同层风室内风量的分配取决于燃烧器自身结构特点及其风门开度,可保证燃烧器在相同状态下自然得到相同风量,有利于燃烧器的配风均匀及稳定燃烧。

燃烧器每层风室的入口处均设有风门挡板,所有风门挡板均配有执行器,可程控调节。全炉共配有 16 个风门用执行器,执行器上配有位置反馈装置,且具有故障自锁保位功能。

大风箱和燃烧器的载荷通过风箱的桁架，传递给支撑梁；支撑梁的一端与垂直搭接板相连，另一端与固定在钢结构上的恒力弹簧吊架相连。这样，大风箱和燃烧器的载荷不由螺旋水冷壁支撑，避免了对螺旋水冷壁造成损坏，如图 6-2 所示。

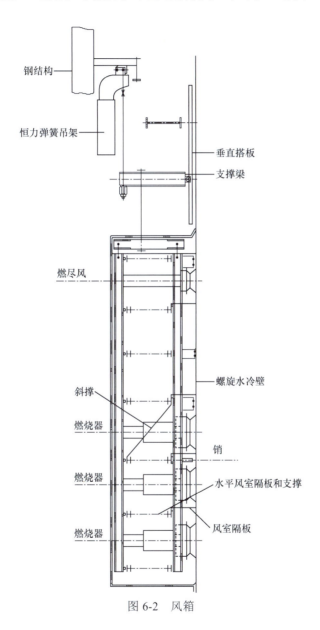

图 6-2　风箱

第二节　试　验　项　目

测试主要进行的试验项目如下，用到的主要试验仪器见表 6-1。

（1）炉膛风压试验。

（2）一、二次风量标定，一次风调平试验。

（3）内、外二次风门标定挡板开度特性试验。

（4）燃烧器层侧墙贴壁风衰减试验。

（5）冷灰斗区域流场测试试验。

（6）烟花示踪试验（绑线，布置现场，点火）。

表 6-1　　　　　　　　　　冷态动力场试验主要试验仪器

仪器设备名称	精度	单位	数量	用途
5m皮托管		根	2	风量测量
2.5m皮托管		根	2	风量测量
1.5m皮托管		根	2	风量测量
微压计	1.5%	台	4	风量测量
风速计	1.5%	台	2	风速测量
DYM3空盒气压表	1.0%	只	1	大气压测量
水银温度计	1.0%	根	1	大气温度测量
WHM1温湿度计	1.0%	只	1	大气湿度测量
对讲机		台	3	通信联络
胶管、工具等		—	—	
白布带		卷	10	飘带试验
防尘口罩		套	6	防护用品
手套		副	20	防护用品
防尘眼镜		副	10	防护用品
防尘服		套	4	防护用品
烟花		支	100	烟花示踪试验

一、试验依据

（1）DL/T 5437—2022《火力发电建设工程启动试运及验收规程》。

（2）GB/T 10184—2015《电站锅炉性能试验规程》。

（3）锅炉有关设备说明书、技术协议、运行规程。

（4）《防止电力生产重大事故的二十五项重点要求》（2023 年版）。

（5）DL 5009.1—2014《电力建设安全工作规程　第 1 部分：火力发电》。

二、试验内容及测试方法

（一）炉膛风压试验

关闭各人孔门、观察孔，调整炉膛负压至+200～+500Pa。重点检查如下区域：

（1）炉顶大罩内。

（2）炉本体风道。

（3）各层燃烧器及二次风箱。

（4）一次风管及膨胀节。

（5）尾部烟道及脱硝入口膨胀节。

（6）其他非金属膨胀节。

发现漏点后，做好记号。待第一轮检查完成后，调整炉膛压力，转做其他试验。待第一轮处理后，再继续炉膛风压试验，检查漏点，直至检查无漏点为止。

（二）一次风调平试验

开启引风机、一次风机，将一次风机叶片开度调整至每侧一次风机的通风量达到 87.6t/h（80%）并保持稳定，用靠背管测量同层一次风管内的风量。比较测量数据，对风量偏差大的风管，通过调整安装在该管上的可调缩孔进行调节，使同层风量偏差小于±5%。

（三）一、二次风量标定试验

在对所有磨煤机进行一次风调平试验后，开始进行每台磨煤机入口风量标定，标定在三个工况下进行，单台磨煤机在标定期间的通风量依次调为 87.6t/h（80%）、65.7t/h（60%）、43.8t/h（40%）的工况下分别对各磨煤机入口流量测量装置进行标定，从而给出流量测量装置流量系数，必要时对 DCS 磨煤机入口一次风量计算回路的风量量程进行调整，以保证磨煤机入口风量的准确性。

二次风标定在高、中、低三个工况下进行，单层燃烧器风箱单侧通风量分别调节为高、中、低三个风量。采用经过靠背管进行风速测量，对流量测量装置给出流量系数，并根据测试结果修改 DCS 二次风量计算系数，以保证各分风道二次风量的准确性。

（四）外二次风旋流挡板开度特性试验

利用 F3 燃烧器进行旋流挡板开度特性试验。试验前，电厂负责将 F3 燃烧器外二次风旋流挡板调整为 30%～75%连续可调状态。设置工况见表 6-2。

表 6-2　　　　　　　　　外二次风旋流挡板开度特性试验工况

工况	外二次风旋流挡板开度
工况1	75%
工况2	50%
工况3	30%

选取一、二次风喷口测点位置时，要尽量使其对喷口风速具有代表性，测点位置的选取参考图 6-3。

（五）单台燃烧器的飘带试验

当流体在炉膛和燃烧器喷口均进入第二自模化区后，流体流动的形状不再随流体的流速而变化。根据冷态模化试验要求的一、二次风动量比相等的原则，计算出试验所需的一、二次风量。

在炉内选取两台燃烧器（A1、F3），在一次风

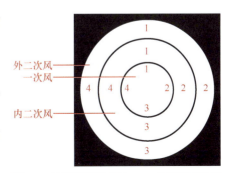

图 6-3　旋流燃烧器喷口一、二次风测点位置

道内固定 1 条飘带；在外二次风道内（靠近内二次风侧）的 1、2、3、4 位置（见图 6-3）分别固定 1 条飘带（共 4 条）；使所有飘带伸出喷口的部分有 4m 长，并在该部分每隔 0.5m 做一次标记（可绑上异色等长的短飘带）。

试验期间，炉膛内保障照明充足，并依次对 A1、F3 的飘带试验进行观察。观察 A1 时，主要观察在日常旋流开度下（100%）A1 燃烧器整体射流的刷墙情况，并逐个对一次风、内二次风、外二次风风道喷口的 1、2、3、4 位置（见图 6-3）进行风速测量与记录。观察 F3 时，电厂负责将外二次风旋流挡板角度依次调整为 30°、50°、75°，主要观察燃烧器喷口流场分布，并逐个对一次风、内二次风、外二次风风道喷口的 1、2、3、4 位置进行风速测量与记录。

以上观察设置俯视及正视两个机位，即利用前墙吊篮从上往下观察 A1、F3，以及利用后墙吊篮从观察 A1、F3 喷口的正前方进行观察。

（六）水冷壁侧墙贴壁风衰减试验

将贴壁风依次调整至 25%、50%、75%三个开度，并在每一开度下沿垂直于侧墙方向每隔 0、0.8、1.6m 测量与记录风速，观察贴壁风在侧墙的衰减程度。

（七）冷灰斗区域流场测试试验

在冷灰斗处持手持式风速仪、飘带，测试冷灰斗是否存在回流区。

（八）烟花示踪试验

在完成以上试验后，最后进行烟花示踪试验。由于旋流燃烧器具有单独稳燃能力，观察其出口流场分布状况，主要观察：

（1）一次风的射流及碰撞情况，碰撞后对侧墙影响，碰撞后下沉影响。

（2）燃烧器出口回流区的情况。

（3）燃烧器区域的刷墙情况。

（4）两侧墙的刷墙情况。

（5）贴壁风的效果评估。

（6）下层燃烧器的托举及下沉情况。

烟花放置于各台燃烧器一、二次风道内。试验过程中，试验人员进入炉内观察并拍摄火花图像、照片，观察燃烧器的流场及一、二次风的混合情况，并调整二次风挡板开度到最佳位置。通过单独试验、交叉试验，寻找推荐合适的内、外二次风挡板开度，一次风速，贴壁风开度。

1. 一次风射流烟花示踪试验

（1）烟花设置。在 10 支燃烧器（C1、C2、C3、A1、A2、A3、D3、F3、E3、B3）的一次风道内分别设置 1 支烟花，共计 10 支烟花，这 10 支烟花必须同时点着。

（2）贴壁风设置。原有前、后墙贴壁风开度调节为 100%并保持；新增侧墙贴壁风开度调节为 0%并保持。

（3）机位设置。设 2 个机位，一个是 A（右）侧墙俯视，另一个是 B（左）侧墙平视；观察并全程录像一次风的射流及碰撞情况、碰撞后下沉影响以及下层燃烧器的托举情况。

2. 一、二次风混合射流烟花示踪试验

（1）烟花设置。在 F3 燃烧器的一次风道、内二次风道以及外二次风道内各设置 1 支烟花，并将这 3 支烟花并联引出炉外，设置一个独立的点火线。按照这个方式重复设置共 4 次，即 F3 燃烧器的一次风道、内二次风道以及外二次风道内各设置有 4 支烟花，共计 12 支烟花，分 4 次点燃（每次同时点燃 F3 燃烧器的一次风道、内二次风道以及二次风道内各 1 支烟花。

（2）贴壁风设置。原有前、后墙贴壁风开度调节为 100%并保持；新增侧墙贴壁风开度调节为 0%并保持。

（3）外二次风旋流挡板设置。共 4 个工况，其中前 3 个工况中外二次风旋流挡板依次调节为 30%、50%、75%并保持，3 个开度对应 3 次烟花点燃动作；在第 4 个工况中，电厂负责在烟花开始燃放的第 10~40s 内匀速地将角度从 30%调节至 75%。

（4）机位设置。设 2 个机位，一个是后墙俯视，另一个是前墙平视；观察并全程录像 F3 燃烧器一、二次风在不同外二旋流挡板开度下的混合射流情况。

3. 侧墙贴壁风防刷墙效果评估试验

（1）烟花设置。

1）在 C1、A1 燃烧器的外二次风道内各设置 1 支烟花，并将这 2 支烟花并联引出炉外，设置一个独立的点火线。重复设置共 3 次，即 C1、A1 的外二次风道内有 3 支烟花，共计 6 支烟花，分 3 个工况（右侧墙下层贴壁风开度依次为 0、50%、100%，其他贴壁风开度为 0）点燃（每次同时点 2 支燃烧器内的 1 支烟花）。

2）在 D1、F1 燃烧器的外二次风道内各设置 1 支烟花，并将这 2 支烟花并联引出炉外，设置一个独立的点火线。重复设置共 5 次，即 D1、F1 的外二次风道内有 5 支烟花，共计 10 支烟花，分 3 个工况（右侧墙中层贴壁风开度依次为 0、30%、50%、75%、100%，其他贴壁风开度为 0）点燃（每次同时点 2 支燃烧器内的 1 支烟花）。

3）先根据中层贴壁风试验选定可充分防刷墙的开度 X%，随后在 E1 燃烧器的外二次风道内设置 1 支烟花，并将这 1 支烟花引出炉外，设置一个独立的点火线。重复设置共 4 次，即 E1 的外二次风道内有 4 支烟花，共计 4 支烟花，分 4 个工况（右侧墙上层贴壁风开度依次为 0、X%，靠前墙 3/4 喷口 X%，靠前墙 1/2 喷口 X%；其他贴壁风开度为 0）点燃。

（2）贴壁风设置。详见烟花设置中对右侧墙各层贴壁风开度的工况设置。

（3）机位设置。设 2 个机位，一个是 A（右）侧墙俯视，另一个是 B（左）侧墙平视；观察并全程录像右侧墙的刷墙情况以及新增侧墙贴壁风防刷墙效果。

第三节 试验结果及分析

一、一次风调平试验

2024 年 1 月 10～11 日期间，对该电厂 2 号机组锅炉开展一次风调平试验，开启引风机、一次风机，将一次风机叶片开度调整至每侧一次风机的通风量达到 87.6t/h（80%）并保持稳定，用靠背管测量同层一次风管内的风量。比较测量数据，对风量偏差大的风管通过调整安装在该管上的可调缩孔进行调节，使同层风量偏差小于±5%。一次风调平试验结果见表 6-3。

表 6-3　　　　　　　　　　一次风调平试验结果

磨煤机	测量项目	单位	1 号管	2 号管	3 号管	4 号管	5 号管	6 号管
A（调前）	一次风管动压1	Pa	480	440	230	140	180	200
	一次风管动压2	Pa	520	430	230	180	200	220
	一次风管动压3	Pa	500	400	300	200	200	250
	一次风管动压4	Pa	460	400	200	310	310	340
	一次风管动压5	Pa	480	410	200	310	340	340
	一次风管动压6	Pa	430	390	250	320	340	310
	平均动压	Pa	478	411	234	238	257	274
	测量处静压	Pa	310	450	540	870	730	780
	大气压	Pa	101900	101900	101900	101900	101900	101900
	测量处温度	℃	22.6	22.6	22.6	22.6	22.6	22.6
	气流密度	kg/m³	1.205	1.206	1.207	1.211	1.210	1.210
	风管风速	m/s	23.7	21.9	16.5	16.6	17.3	17.9
	平均风速	m/s	19.0	19.0	19.0	19.0	19.0	19.0
	各管风速偏差	%	24.6	15.5	−13.0	−12.4	−8.8	−5.9
	风管内径	m	0.48	0.48	0.48	0.48	0.48	0.48
	风管风量	m³/h	15416	14295	10771	10841	11282	11641
	磨煤机实测风量	t/h	89.7					
	磨煤机表盘风量	t/h	94.4					
A（调后）	一次风管动压1	Pa	280	340	210	190	230	210
	一次风管动压2	Pa	310	380	230	220	230	220
	一次风管动压3	Pa	290	330	300	230	250	260
	一次风管动压4	Pa	240	320	410	370	390	400
	一次风管动压5	Pa	260	320	430	400	410	400
	一次风管动压6	Pa	280	340	390	400	410	390
	平均动压	Pa	276	338	322	295	314	307
	测量处静压	Pa	120	510	130	1000	790	900
	大气压	Pa	101900	101900	101900	101900	101900	101900
	测量处温度	℃	20.9	20.9	20.9	20.9	20.9	20.9

续表

磨煤机	测量项目	单位	1号管	2号管	3号管	4号管	5号管	6号管
A（调后）	气流密度	kg/m³	1.209	1.214	1.209	1.220	1.217	1.219
	风管风速	m/s	18.0	19.8	19.4	18.5	19.1	18.9
	平均风速	m/s	18.9	18.9	18.9	18.9	18.9	18.9
	各管风速偏差	%	−5.2	4.7	2.4	−2.5	0.8	−0.3
	风管内径	m	0.48	0.48	0.48	0.48	0.48	0.48
	风管风量	m³/h	11697	12916	12634	12032	12439	12293
	磨煤机实测风量	t/h	89.9					
	磨煤机表盘风量	t/h	90.1					
B（调前）	一次风管动压1	Pa	360	390	330	290	300	420
	一次风管动压2	Pa	360	430	380	320	360	410
	一次风管动压3	Pa	390	420	400	330	390	370
	一次风管动压4	Pa	410	400	410	290	410	350
	一次风管动压5	Pa	460	450	410	300	430	390
	一次风管动压6	Pa	340	350	320	210	310	330
	平均动压	Pa	386	406	374	289	365	378
	测量处静压	Pa	710	660	680	860	760	690
	大气压	Pa	101900	101900	101900	101900	101900	101900
	测量处温度	°C	21	21	21	21	21	21
	气流密度	kg/m³	1.216	1.215	1.216	1.218	1.216	1.216
	风管风速	m/s	21.2	21.7	20.8	18.3	20.6	20.9
	平均风速	m/s	20.6	20.6	20.6	20.6	20.6	20.6
	各管风速偏差	%	2.8	5.5	1.2	−11.2	0.0	1.7
	风管内径	m	0.48	0.48	0.48	0.48	0.48	0.48
	风管风量	m³/h	13784	14147	13578	11915	13407	13642
	磨煤机实测风量	t/h	97.9					
	磨煤机表盘风量	t/h	89.1					
B（调后）	一次风管动压1	Pa	320	320	330	310	340	420
	一次风管动压2	Pa	360	370	350	360	370	430
	一次风管动压3	Pa	360	350	340	360	430	370
	一次风管动压4	Pa	390	360	350	350	380	350
	一次风管动压5	Pa	430	410	380	310	410	400
	一次风管动压6	Pa	310	300	280	240	300	310
	平均动压	Pa	361	351	338	320	370	379
	测量处静压	Pa	660	640	670	970	730	670
	大气压	Pa	101900	101900	101900	101900	101900	101900
	测量处温度	°C	23.3	23.3	23.3	23.3	23.3	23.3
	气流密度	kg/m³	1.206	1.206	1.206	1.209	1.207	1.206
	风管风速	m/s	20.5	20.3	19.9	19.3	20.8	21.1
	平均风速	m/s	20.3	20.3	20.3	20.3	20.3	20.3
	各管风速偏差	%	1.1	−0.2	−2.1	−4.8	2.5	3.7

续表

磨煤机	测量项目	单位	1 号管	2 号管	3 号管	4 号管	5 号管	6 号管
B（调后）	风管内径	m	0.48	0.48	0.48	0.48	0.48	0.48
	风管风量	m³/h	13383	13202	12950	12593	13560	13718
	磨煤机实测风量	t/h			95.8			
	磨煤机表盘风量	t/h			87.9			
C（调前）	一次风管动压1	Pa	210	280	360	310	230	320
	一次风管动压2	Pa	380	290	350	370	210	330
	一次风管动压3	Pa	390	290	320	360	210	350
	一次风管动压4	Pa	400	310	340	370	220	320
	一次风管动压5	Pa	460	340	410	410	240	470
	一次风管动压6	Pa	470	320	310	400	220	480
	平均动压	Pa	379	305	348	369	222	375
	测量处静压	Pa	480	850	620	650	1100	550
	大气压	Pa	101900	101900	101900	101900	101900	101900
	测量处温度	°C	22.7	22.7	22.7	22.7	22.7	22.7
	气流密度	kg/m³	1.206	1.211	1.208	1.208	1.213	1.207
	风管风速	m/s	21.1	18.8	20.2	20.8	16.1	20.9
	平均风速	m/s	19.6	19.6	19.6	19.6	19.6	19.6
	各管风速偏差	%	7.3	-4.0	2.6	5.8	-18.3	6.7
	风管内径	m	0.48	0.48	0.48	0.48	0.48	0.48
	风管风量	m³/h	13726	12278	13130	13531	10458	13648
	磨煤机实测风量	t/h			92.8			
	磨煤机表盘风量	t/h			95.6			
C（调后）	一次风管动压1	Pa	220	270	370	300	350	300
	一次风管动压2	Pa	370	300	360	370	300	340
	一次风管动压3	Pa	350	310	340	340	300	350
	一次风管动压4	Pa	360	330	360	360	330	210
	一次风管动压5	Pa	410	340	410	430	360	450
	一次风管动压6	Pa	450	310	310	390	340	400
	平均动压	Pa	356	310	358	364	330	337
	测量处静压	Pa	400	910	670	630	1000	500
	大气压	Pa	101900	101900	101900	101900	101900	101900
	测量处温度	°C	22.7	22.7	22.7	22.7	22.7	22.7
	气流密度	kg/m³	1.205	1.211	1.208	1.208	1.212	1.206
	风管风速	m/s	20.4	19.0	20.4	20.6	19.6	19.9
	平均风速	m/s	20.0	20.0	20.0	20.0	20.0	20.0
	各管风速偏差	%	2.2	-5.0	2.3	3.2	-2.0	-0.6
	风管内径	m	0.48	0.48	0.48	0.48	0.48	0.48
	风管风量	m³/h	13302	12374	13316	13433	12762	12939
	磨煤机实测风量	t/h			94.4			
	磨煤机表盘风量	t/h			95.0			

续表

磨煤机	测量项目	单位	1号管	2号管	3号管	4号管	5号管	6号管
D（调前）	一次风管动压1	Pa	420	350	340	500	420	380
	一次风管动压2	Pa	350	390	350	500	440	370
	一次风管动压3	Pa	340	400	330	470	460	400
	一次风管动压4	Pa	500	420	330	430	530	530
	一次风管动压5	Pa	420	490	310	480	530	540
	一次风管动压6	Pa	380	350	240	340	540	410
	平均动压	Pa	400	399	316	451	485	436
	测量处静压	Pa	320	420	560	390	280	370
	大气压	Pa	101900	101900	101900	101900	101900	101900
	测量处温度	°C	24	24	24	24	24	24
	气流密度	kg/m³	1.199	1.200	1.202	1.200	1.199	1.200
	风管风速	m/s	21.7	21.6	19.2	23.0	23.9	22.6
	平均风速	m/s	22.0	22.0	22.0	22.0	22.0	22.0
	各管风速偏差	%	−1.5	−1.7	−12.6	4.6	8.5	2.8
	风管内径	m	0.48	0.48	0.48	0.48	0.48	0.48
	风管风量	m³/h	14135	14105	12541	15013	15577	14750
	磨煤机实测风量	t/h	103.3					
	磨煤机表盘风量	t/h	94.7					
D（调后）	一次风管动压1	Pa	310	310	350	390	240	320
	一次风管动压2	Pa	310	360	390	450	410	300
	一次风管动压3	Pa	320	350	360	430	440	310
	一次风管动压4	Pa	370	390	340	380	490	480
	一次风管动压5	Pa	420	410	370	400	500	540
	一次风管动压6	Pa	340	350	310	340	390	500
	平均动压	Pa	344	361	353	398	406	402
	测量处静压	Pa	630	770	1000	770	750	760
	大气压	Pa	101900	101900	101900	101900	101900	101900
	测量处温度	°C	22.6	22.6	22.6	22.6	22.6	22.6
	气流密度	kg/m³	1.208	1.210	1.213	1.210	1.210	1.210
	风管风速	m/s	20.0	20.5	20.3	21.5	21.8	21.7
	平均风速	m/s	21.0	21.0	21.0	21.0	21.0	21.0
	各管风速偏差	%	−4.4	−2.1	−3.3	2.7	3.9	3.3
	风管内径	m	0.48	0.48	0.48	0.48	0.48	0.48
	风管风量	m³/h	13057	13368	13203	14029	14186	14111
	磨煤机实测风量	t/h	99.2					
	磨煤机表盘风量	t/h	91.2					
E（调前）	一次风管动压1	Pa	260	320	240	310	330	160
	一次风管动压2	Pa	370	360	330	340	360	310
	一次风管动压3	Pa	360	380	360	370	370	270
	一次风管动压4	Pa	380	380	380	380	390	320

磨煤机	测量项目	单位	1号管	2号管	3号管	4号管	5号管	6号管
E（调前）	一次风管动压5	Pa	410	400	380	380	410	380
	一次风管动压6	Pa	420	370	370	350	330	450
	平均动压	Pa	365	368	341	355	364	308
	测量处静压	Pa	400	340	360	360	320	370
	大气压	Pa	101900	101900	101900	101900	101900	101900
	测量处温度	°C	21	21	21	21	21	21
	气流密度	kg/m³	1.212	1.211	1.212	1.212	1.211	1.212
	风管风速	m/s	20.6	20.7	19.9	20.3	20.6	18.9
	平均风速	m/s	20.2	20.2	20.2	20.2	20.2	20.2
	各管风速偏差	%	2.1	2.6	−1.2	0.7	2.1	−6.2
	风管内径	m	0.48	0.48	0.48	0.48	0.48	0.48
	风管风量	m³/h	13423	13488	12990	13239	13425	12337
	磨煤机实测风量	t/h	95.6					
	磨煤机表盘风量	t/h	96.2					
E（调后）	一次风管动压1	Pa	280	300	210	300	300	160
	一次风管动压2	Pa	350	350	310	310	340	270
	一次风管动压3	Pa	320	350	330	330	340	270
	一次风管动压4	Pa	370	360	340	350	360	280
	一次风管动压5	Pa	370	380	350	360	380	400
	一次风管动压6	Pa	360	280	350	300	330	440
	平均动压	Pa	341	336	313	325	341	296
	测量处静压	Pa	640	480	690	1000	730	640
	大气压	Pa	101900	101900	101900	101900	101900	101900
	测量处温度	°C	22.2	22.2	22.2	22.2	22.2	22.2
	气流密度	kg/m³	1.210	1.208	1.211	1.214	1.211	1.210
	风管风速	m/s	19.9	19.8	19.1	19.4	19.9	18.6
	平均风速	m/s	19.5	19.5	19.5	19.5	19.5	19.5
	各管风速偏差	%	2.4	1.7	−1.9	−0.2	2.5	−4.5
	风管内径	m	0.48	0.48	0.48	0.48	0.48	0.48
	风管风量	m³/h	12990	12902	12441	12654	12991	12104
	磨煤机实测风量	t/h	92.1					
	磨煤机表盘风量	t/h	96.3					
F（调前）	一次风管动压1	Pa	460	380	360	200	400	410
	一次风管动压2	Pa	520	350	420	220	420	400
	一次风管动压3	Pa	480	340	430	230	440	410
	一次风管动压4	Pa	460	490	450	270	460	400
	一次风管动压5	Pa	470	520	450	280	480	440
	一次风管动压6	Pa	400	420	380	250	410	350
	平均动压	Pa	464	414	414	241	435	401
	测量处静压	Pa	400	340	360	360	320	370

续表

磨煤机	测量项目	单位	1号管	2号管	3号管	4号管	5号管	6号管
F（调前）	大气压	Pa	101900	101900	101900	101900	101900	101900
	测量处温度	℃	22.1	22.1	22.1	22.1	22.1	22.1
	气流密度	kg/m³	1.208	1.207	1.207	1.207	1.207	1.207
	风管风速	m/s	23.3	22.0	22.0	16.8	22.5	21.7
	平均风速	m/s	21.4	21.4	21.4	21.4	21.4	21.4
	各管风速偏差	%	8.9	2.9	2.9	−21.5	5.4	1.3
	风管内径	m	0.48	0.48	0.48	0.48	0.48	0.48
	风管风量	m³/h	15176	14333	14338	10932	14687	14109
	磨煤机实测风量	t/h	100.9					
	磨煤机表盘风量	t/h	98.1					
F（调后）	一次风管动压1	Pa	310	360	170	340	340	420
	一次风管动压2	Pa	360	390	2220	360	340	410
	一次风管动压3	Pa	350	370	220	350	290	410
	一次风管动压4	Pa	330	390	230	340	410	420
	一次风管动压5	Pa	360	400	260	340	450	430
	一次风管动压6	Pa	360	400	220	280	380	380
	平均动压	Pa	345	385	407	334	366	412
	测量处静压	Pa	1100	1100	1200	980	1000	970
	大气压	Pa	101900	101900	101900	101900	101900	101900
	测量处温度	℃	22.9	22.9	22.9	22.9	22.9	22.9
	气流密度	kg/m³	1.213	1.213	1.214	1.211	1.211	1.211
	风管风速	m/s	20.0	21.2	21.8	19.7	20.7	21.9
	平均风速	m/s	20.9	20.9	20.9	20.9	20.9	20.9
	各管风速偏差	%	−4.1	1.4	4.3	−5.4	−1.0	4.9
	风管内径	m	0.48	0.48	0.48	0.48	0.48	0.48
	风管风量	m³/h	13050	13788	14180	12862	13462	14267
	磨煤机实测风量	t/h	98.9					
	磨煤机表盘风量	t/h	88.4					

二、一、二次风量标定试验

在对所有磨煤机进行一次风调平试验后，于 2024 年 1 月 10～11 日期间，对该电厂 2 号机组锅炉开展一、二次风量标定试验。

（一）一次风量标定试验结果

每台磨煤机入口风量标定在三个工况下进行，单台磨煤机在标定期间的通风量依次调节为 87.6t/h（80%）、65.7t/h（60%）、43.8t/h（40%）的工况下分别对各磨煤机入口流量测量装置进行标定。A～F 磨煤机一次风量标定系数曲线如图 6-4 所示，一次风量标定试验结果见表 6-4。

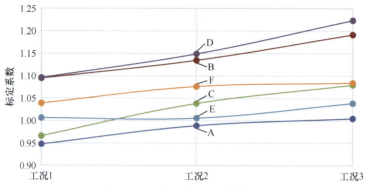

图 6-4 一次风量标定系数曲线

表 6-4 　　　　　　　　　　　　一次风量标定试验结果

磨煤机	测量项目	单位	工况1	工况2	工况3
A	测量处动压平均值	Pa	315	188	124
	测量处静压	Pa	613	342	187
	大气压	Pa	101900	101900	101900
	测量处温度	℃	22.6	22.7	22.7
	气流密度	kg/m³	1.208	1.205	1.203
	风管风速	m/s	19.0	14.7	12.0
	一次风管内径	m	0.48	0.48	0.48
	实测计算风量	t/h	89.7	69.3	56.3
	表盘风量	t/h	94.6	70.1	56.0
	实测—表盘偏差系数		0.95	0.99	1.01
	平均修正系数			0.98	
B	测量处动压平均值	Pa	366	255	171
	测量处静压	Pa	727	525	352
	大气压	Pa	101900	101900	101900
	测量处温度	℃	21.0	21.3	21.8
	气流密度	kg/m³	1.216	1.212	1.208
	风管风速	m/s	20.6	17.2	14.1
	一次风管内径	m	0.48	0.48	0.48
	实测计算风量	t/h	97.9	81.5	66.7
	表盘风量	t/h	89.4	71.8	55.9
	实测—表盘偏差系数		1.09	1.13	1.19
	平均修正系数			1.14	
C	测量处动压平均值	Pa	333	199	161
	测量处静压	Pa	708	332	253
	大气压	Pa	101900	101900	101900
	测量处温度	℃	22.7	23.0	23.0
	气流密度	kg/m³	1.209	1.203	1.202
	风管风速	m/s	19.6	15.3	13.7
	一次风管内径	m	0.48	0.48	0.48

续表

磨煤机	测量项目	单位	工况 1	工况 2	工况 3
C	实测计算风量	t/h	92.8	71.8	64.5
	表盘风量	t/h	96.0	69.1	59.8
	实测—表盘偏差系数		0.97	1.04	1.08
	平均修正系数		1.03		
D	测量处动压平均值	Pa	414	250	173
	测量处静压	Pa	390	227	158
	大气压	Pa	101900	101900	101900
	测量处温度	℃	24.0	23.7	21.8
	气流密度	kg/m³	1.200	1.199	1.206
	风管风速	m/s	22.0	17.1	14.2
	一次风管内径	m	0.48	0.48	0.48
	实测计算风量	t/h	103.3	80.1	66.8
	表盘风量	t/h	94.3	69.8	54.6
	实测—表盘偏差系数		1.10	1.15	1.22
	平均修正系数		1.16		
E	测量处动压平均值	Pa	350	199	138
	测量处静压	Pa	358	190	107
	大气压	Pa	101900	101900	101900
	测量处温度	℃	21.0	21.4	22.2
	气流密度	kg/m³	1.212	1.208	1.204
	风管风速	m/s	20.2	15.2	12.7
	一次风管内径	m	0.48	0.48	0.48
	实测计算风量	t/h	95.6	72.0	59.8
	表盘风量	t/h	95.0	71.6	57.5
	实测—表盘偏差系数		1.01	1.01	1.04
	平均修正系数		1.02		
F	测量处动压平均值	Pa	395	224	141
	测量处静压	Pa	358	462	282
	大气压	Pa	101900	101900	101900
	测量处温度	℃	22.1	22.2	22.2
	气流密度	kg/m³	1.207	1.208	1.206
	风管风速	m/s	21.4	16.1	12.8
	一次风管内径	m	0.48	0.48	0.48
	实测计算风量	t/h	100.9	76.0	60.3
	表盘风量	t/h	97.1	70.7	55.6
	实测—表盘偏差系数		1.04	1.08	1.08
	平均修正系数		1.07		

　　由一次风量标定试验结果可知，A、C、E、F 磨煤机的表盘风量与实测风量较为接近，各磨煤机平均修正系数均在 0.9～1.1 之间；B、D 磨煤机的表盘风量与实测风量存

在一定偏差。综合高、中、低三种风量标定后的平均修正系数依次为 1.14、1.16，建议电厂热工结合实际情况对 B、D 磨煤机的表盘一次风量采用新的修正系数。

（二）二次风量标定试验结果

二次风标定在高、中、低三个工况下进行，单层燃烧器风箱单侧通风量分别调节为高、中、低三个风量。二次风量标定系数曲线如图 6-5 所示，二次风量标定试验结果见表 6-5。

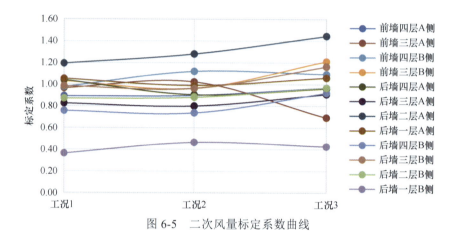

图 6-5　二次风量标定系数曲线

表 6-5　　　　　　　　　　　　二次风量标定试验结果

二次风	测量项目	单位	工况 1	工况 2	工况 3
前墙四层 A 侧	测量处动压平均值	Pa	54	27	16
	测量处静压	Pa	697	393	200
	大气压	Pa	102200	102200	102200
	测量处温度	℃	20.2	20.2	20.2
	气流密度	kg/m³	1.223	1.219	1.217
	风箱风速	m/s	7.7	5.5	4.3
	测量处风箱截面积	m²	3.80	3.80	3.80
	实测计算风量	t/h	129.4	91.5	70.8
	表盘风量	t/h	145.0	101.7	73.0
	实测—表盘偏差系数		0.89	0.90	0.97
	平均修正系数		0.92		
前墙三层 A 侧	测量处动压平均值	Pa	55	40	10
	测量处静压	Pa	738	463	220
	大气压	Pa	102200	102200	102200
	测量处温度	℃	20.2	20.2	20.2
	气流密度	kg/m³	1.223	1.220	1.217
	风箱风速	m/s	7.8	6.6	3.3
	测量处风箱截面积	m²	3.42	3.42	3.42
	实测计算风量	t/h	117.7	99.6	50.0
	表盘风量	t/h	121.9	97.4	71.9

续表

二次风	测量项目	单位	工况 1	工况 2	工况 3
前墙三层 A侧	实测—表盘偏差系数		0.97	1.02	0.70
	平均修正系数		0.89		
前墙四层 B侧	测量处动压平均值	Pa	62	41	22
	测量处静压	Pa	790	463	533
	大气压	Pa	102200	102200	102200
	测量处温度	℃	21.6	21.6	21.6
	气流密度	kg/m³	1.218	1.214	1.215
	风箱风速	m/s	8.4	6.8	5.0
	测量处风箱截面积	m²	3.80	3.80	3.80
	实测计算风量	t/h	139.5	113.3	83.3
	表盘风量	t/h	142.7	101.0	76.0
	实测—表盘偏差系数		0.98	1.12	1.10
	平均修正系数		1.06		
前墙三层 B侧	测量处动压平均值	Pa	114	44	27
	测量处静压	Pa	895	443	523
	大气压	Pa	102200	102200	102200
	测量处温度	℃	21.6	21.6	21.6
	气流密度	kg/m³	1.219	1.214	1.215
	风箱风速	m/s	11.3	7.0	5.6
	测量处风箱截面积	m²	3.42	3.42	3.42
	实测计算风量	t/h	169.9	104.7	83.1
	表盘风量	t/h	164.7	108.4	68.5
	实测—表盘偏差系数		1.03	0.97	1.21
	平均修正系数		1.07		
后墙四层 A侧	测量处动压平均值	Pa	38	22	19
	测量处静压	Pa	788	410	233
	大气压	Pa	102200	102200	102200
	测量处温度	℃	21.6	21.6	21.6
	气流密度	kg/m³	1.218	1.213	1.211
	风箱风速	m/s	6.5	4.9	4.6
	测量处风箱截面积	m²	3.80	3.80	3.80
	实测计算风量	t/h	107.6	81.5	76.7
	表盘风量	t/h	103.4	90.2	79.7
	实测—表盘偏差系数		1.04	0.90	0.96
	平均修正系数		0.97		
后墙三层 A侧	测量处动压平均值	Pa	38	22	15
	测量处静压	Pa	750	395	230
	大气压	Pa	102200	102200	102200
	测量处温度	℃	21.6	21.6	21.6
	气流密度	kg/m³	1.217	1.213	1.211

续表

二次风	测量项目	单位	工况1	工况2	工况3
后墙三层A侧	风箱风速	m/s	6.2	4.9	4.2
	测量处风箱截面积	m²	3.42	3.42	3.42
	实测计算风量	t/h	93.6	73.2	62.0
	表盘风量	t/h	113.4	91.5	68.2
	实测—表盘偏差系数		0.83	0.80	0.91
	平均修正系数		0.84		
后墙二层A侧	测量处动压平均值	Pa	88	52	28
	测量处静压	Pa	658	370	200
	大气压	Pa	102200	102200	102200
	测量处温度	℃	21.6	21.6	21.6
	气流密度	kg/m³	1.216	1.213	1.211
	风箱风速	m/s	9.7	7.5	5.4
	测量处风箱截面积	m²	3.42	3.42	3.42
	实测计算风量	t/h	145.8	112.4	80.9
	表盘风量	t/h	122.2	87.7	56.0
	实测—表盘偏差系数		1.19	1.28	1.45
	平均修正系数		1.31		
后墙一层A侧	测量处动压平均值	Pa	110	50	32
	测量处静压	Pa	665	365	213
	大气压	Pa	102200	102200	102200
	测量处温度	℃	21.6	21.6	21.6
	气流密度	kg/m³	1.216	1.213	1.211
	风箱风速	m/s	10.3	7.3	5.7
	测量处风箱截面积	m²	3.42	3.42	3.42
	实测计算风量	t/h	153.8	108.9	85.1
	表盘风量	t/h	146.0	109.9	80.2
	实测—表盘偏差系数		1.05	0.99	1.06
	平均修正系数		1.04		
后墙四层B侧	测量处动压平均值	Pa	31	19	19
	测量处静压	Pa	813	463	535
	大气压	Pa	102200	102200	102200
	测量处温度	℃	20.2	20.2	20.2
	气流密度	kg/m³	1.224	1.220	1.221
	风箱风速	m/s	5.9	4.6	4.6
	测量处风箱截面积	m²	3.80	3.80	3.80
	实测计算风量	t/h	98.8	76.1	76.4
	表盘风量	t/h	130.3	103.1	82.9
	实测—表盘偏差系数		0.76	0.74	0.92
	平均修正系数		0.81		
后墙三层B侧	测量处动压平均值	Pa	74	23	39
	测量处静压	Pa	747	405	493

二次风	测量项目	单位	工况 1	工况 2	工况 3
后墙三层 B 侧	大气压	Pa	102200	102200	102200
	测量处温度	℃	20.2	20.2	20.2
	气流密度	kg/m³	1.223	1.218	1.220
	风箱风速	m/s	9.0	4.1	6.6
	测量处风箱截面积	m²	3.42	3.42	3.42
	实测计算风量	t/h	136.2	100.6	98.9
	表盘风量	t/h	138.3	104.5	85.0
	实测—表盘偏差系数		0.98	0.96	1.16
	平均修正系数		1.04		
后墙二层 B 侧	测量处动压平均值	Pa	57	32	24
	测量处静压	Pa	780	460	520
	大气压	Pa	102200	102200	102200
	测量处温度	℃	20.2	20.2	20.2
	气流密度	kg/m³	1.224	1.220	1.220
	风箱风速	m/s	8.0	6.0	5.2
	测量处风箱截面积	m²	3.42	3.42	3.42
	实测计算风量	t/h	120.2	90.7	77.8
	表盘风量	t/h	137.9	102.8	80.3
	实测—表盘偏差系数		0.87	0.88	0.97
	平均修正系数		0.91		
后墙一层 B 侧	测量处动压平均值	Pa	13	13	11
	测量处静压	Pa	880	588	550
	大气压	Pa	102200	102200	102200
	测量处温度	℃	20.2	20.2	20.2
	气流密度	kg/m³	1.225	1.221	1.221
	风箱风速	m/s	3.9	3.8	3.6
	测量处风箱截面积	m²	3.42	3.42	3.42
	实测计算风量	t/h	58.4	57.5	54.0
	表盘风量	t/h	160.4	123.2	126.1
	实测—表盘偏差系数		0.36	0.47	0.43
	平均修正系数		0.42		

由二次风量标定试验结果可知，前墙四层 A 侧、前墙三层 A 侧、前墙四层 B 侧、前墙三层 B 侧、后墙四层 A 侧、后墙一层 A 侧、后墙三层 B 侧、后墙二层 B 侧二次风的表盘风量与实测风量较为接近，平均修正系数均在 0.9～1.1 之间；后墙三层 A 侧、后墙二层 A 侧、后墙四层 B 侧、后墙一层 B 侧二次风的表盘风量与实测风量存在一定偏差。综合高、中、低三种风量标定后的平均修正系数依次为 0.84、1.31、0.81、0.42，建议电厂热工结合实际情况对后墙三层 A 侧、后墙二层 A 侧、后墙四层 B 侧、后墙一层 B 侧二次风的表盘风量采用新的修正系数。

三、外二次风旋流挡板开度特性试验

利用 F3 燃烧器进行旋流挡板开度特性试验。试验期间，将 F3 燃烧器外二次风旋流挡板依次调整为 30%、50%、75%三个角度，对每个开度下一、二次风喷口风速的测量结果如图 6-6 所示。

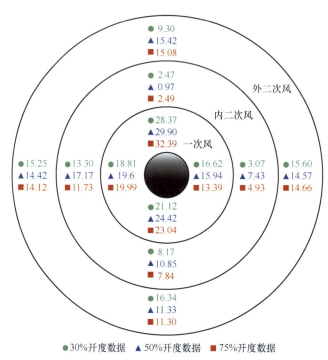

● 30%开度数据　▲ 50%开度数据　■ 75%开度数据

图 6-6　外二次风旋流挡板开度特性试验风速分布（单位：m/s）

由 F3 燃烧器进行旋流挡板开度特性试验结果可知，随着旋流挡板开度增大，外二次风上部测点风速呈上升趋势；左、右测点风速变化不明显；下部测点风速呈下降趋势，可能与局部结构有关系。上、下部测点的风速变化主要在 30%～50%开度区间发生，50%～75%开度区间的风速变化不明显，见表 6-6。

表 6-6　　　　　　　　外二次风旋流挡板开度特性试验结果

单位：m/s

测量位置	30%开度	50%开度	75%开度
1（上）	9.30	15.42	15.08
2（右）	15.60	14.57	14.66
3（下）	16.34	11.33	11.30
4（左）	15.25	14.42	14.12
平均	14.12	13.94	13.79

四、水冷壁侧墙贴壁风衰减试验

侧墙贴壁风衰减试验在 A 侧墙靠前墙侧进行，试验期间将贴壁风依次调整至 25%、50%、75% 三个开度，并在每一开度下沿垂直于侧墙方向每隔 0、0.8、1.6m 测量与记录风速，侧墙贴壁风的衰减测量结果见表 6-7。

表 6-7　　　　　　　　　　水冷壁侧墙贴壁风衰减试验结果

工况	位置	距喷口距离（m）	风速 （从 1～8 为从后墙往前墙方向，m/s）								风速衰减 （%）
			1	2	3	4	5	6	7	8	
25%开度	上层	0	—	—	—	—	1.78	5.58	6.80	2.41	—
		0.8	—	—	—	—	0.70	0.79	3.81	2.00	51.87
		1.6	—	—	—	—	0.70	1.96	1.33	0.79	68.30
	中层	0	—	—	4.21	1.82	1.73	2.60	3.47	1.56	—
		0.8	—	—	0.81	0.00	0.42	1.08	1.97	1.17	63.86
		1.6	—	—	0.27	0.00	0.78	0.53	0.85	0.31	80.62
	下层	0	—	—	1.57	2.25	1.52	4.69			—
		0.8	—	—	0.81	1.23	0.77	0.79			56.56
		1.6	—	—	0.00	0.27	0.66	0.39			84.07
50%开度	上层	0	—	—	—	—	3.26	7.46	7.55	4.51	—
		0.8	—	—	—	—	1.25	2.44	4.34	1.23	61.05
		1.6	—	—	—	—	0.82	0.84	1.60	0.88	80.72
	中层	0	—	—	11.52	3.38	5.15	7.99	10.86	5.02	—
		0.8	—	—	4.16	0.78	1.32	2.55	8.28	3.11	57.51
		1.6	—	—	1.14	0.90	0.90	1.55	5.34	2.59	70.97
	下层	0	—	—	8.88	3.85	6.33	8.21	—	—	—
		0.8	—	—	3.18	2.08	1.93	2.80	—	—	61.39
		1.6	—	—	2.62	1.07	1.01	1.28	—	—	77.79
75%开度	上层	0	—	—	—	—	10.67	3.96	6.63	8.41	—
		0.8	—	—	—	—	4.90	2.22	2.16	4.42	53.22
		1.6	—	—	—	—	1.18	1.37	0.84	2.01	79.44
	中层	0	—	—	11.32	5.53	8.81	9.35	13.12	7.12	—
		0.8	—	—	3.39	1.34	5.41	4.69	7.24	4.43	52.81
		1.6	—	—	1.10	0.89	2.83	1.88	3.93	2.92	75.17
	下层	0	—	—	3.44	7.05	6.65	5.00	—	—	—
		0.8	—	—	0.71	4.49	0.94	3.73	—	—	56.73
		1.6	—	—	0.70	1.47	1.24	2.07	—	—	74.69

由水冷壁侧墙贴壁风衰减测量结果可知，贴壁风在距离喷口 0.8m 处风速衰减为 51.87%～63.86%，在距离喷口 1.6m 处风速衰减为 68.30%～84.07%。

五、烟花示踪试验

在完成以上试验后，最后进行烟花示踪试验。烟花放置于各台燃烧器一、二次风道内。试验过程中，试验人员进入炉内观察并拍摄火花，观察燃烧器的流场及一、二次风的混合情况。

（一）一次风射流烟花示踪试验

一次风射流烟花示踪试验在 10 支燃烧器（C1、C2、C3、A1、A2、A3、D3、F3、E3、B3）的一次风道内分别设置 1 支烟花，共计 10 支烟花。试验期间，前、后墙贴壁风开度调节为 100%，侧墙贴壁风开度调节为 0%，10 支烟花同时点着，试验现场如图 6-7、图 6-8 所示。

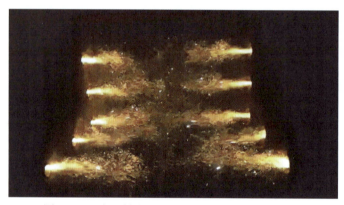

图 6-7　一次风射流烟花示踪试验（A 侧墙俯视）

图 6-8　一次风射流烟花示踪试验（B 侧墙平视）

试验期间，燃烧器 C1、C2、A1、A2 的外二次风旋流挡板开度依次为 100%、50%、100%、50%，C3、A3、D3、F3、E3、B3 的旋流挡板开度均为 30%。由一次风射流烟花示踪试验结果可知（见图 6-7、图 6-8），C1、C2、A1、A2 的一次风射流较为笔直及稳定；C3、A3、D3、F3、E3、B3 的一次风射流相较 C1、C2、A1、A2 存在一定的摆动，建议考虑将 C3、C4、A3、A4 的旋流挡板开度调整为 50%，以加强下层燃烧器本身射流稳定性及其托举效果。

（二）一、二次风混合射流烟花示踪试验

试验期间，将 F3 燃烧器的外二次风道挡板开度依次调整为 30%、50%、75%，在每

个开度工况下，同时点燃在 F3 燃烧器的一次风道、内二次风道以及外二次风道内设置的烟花，观察不同旋流挡板开度下的一、二次风混合射流情况，试验现场如图 6-9、图 6-10 所示。

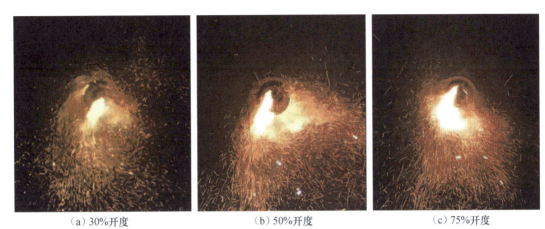

（a）30%开度　　　　　　　（b）50%开度　　　　　　　（c）75%开度

图 6-9　一、二次风混合射流烟花示踪试验（前墙平视 F3）

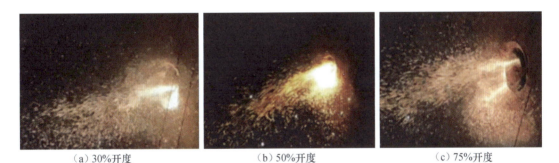

（a）30%开度　　　　　　　（b）50%开度　　　　　　　（c）75%开度

图 6-10　一、二次风混合射流烟花示踪试验（A 侧墙俯视 F3）

结合前墙平视 F3 及 A 侧墙俯视 F3 双视角，可观察到随着 F3 外二次风道旋流挡板开度增大，烟花所显示的气流踪迹旋流效果减弱。外二次风道的烟花气流在 30%开度（旋流最强试验工况）下从外二次风道喷口整周旋转射出，在 75%开度（旋流最弱试验工况）下从外二次风道喷口笔直射出。

（三）侧墙贴壁风防刷墙效果评估试验

试验期间，在靠近 A 侧墙的 C1、A1、D1、F1、E1 五支燃烧器的外二次风道喷口（旋流挡板根据日常运行开度设为 100%）以及 A 侧墙的贴壁风喷口布置烟花，设置不同的烟花燃放组合以观察并评估侧墙贴壁风防刷墙效果。

1. 侧墙下层贴壁风烟花示踪试验

侧墙下层贴壁风烟花示踪试验分为两部分，第一部分通过燃放设置在 C1、A1 燃烧器外二次风道的烟花来观察不同贴壁风开度下侧墙下层贴壁风防刷墙效果；第二部分通过燃放设置在贴壁风的烟花来观察不同贴壁风开度下侧墙下层贴壁风防刷墙效果。

（1）燃放 C1、A1 燃烧器外二次风道烟花。侧墙下层贴壁风喷口设置在中央位置，由 A 侧墙俯视可观察到（见图 6-11～图 6-13），当贴壁风开度为 0 时，从 C1、A1 燃烧器外二次风道喷口射出的烟花气流笔直射出；当贴壁风开度为 75% 时，侧墙下层贴壁风喷口射出的气流对从 C1、A1 射出的烟花气流无明显影响；当贴壁风开度为 100% 时，从 C1、A1 射出的烟花气流在经过侧墙下层中央区域时受到侧墙下层贴壁风喷口射出的气流影响而远离侧墙。

图 6-11　侧墙下层贴壁风烟花示踪试验（A 侧墙俯视，C1、A1 燃放烟花，贴壁风开度 0）

图 6-12　侧墙下层贴壁风烟花示踪试验（A 侧墙俯视，C1、A1 燃放烟花，贴壁风开度 75%）

图 6-13　侧墙下层贴壁风烟花示踪试验（A 侧墙俯视，C1、A1 燃放烟花，贴壁风开度 100%）

（2）燃放 A 侧墙下层贴壁风喷口烟花。由 A 侧墙俯视可观察到（见图 6-14～图 6-16），当贴壁风开度为 25%时，从下层贴壁风喷口射出的烟花气流射程较短，且随下层气流的扰动而出现刷墙现象；当贴壁风开度为 50%时，从下层贴壁风喷口射出的烟花气流射程较 25%开度时增长，且随下层气流的扰动而出现刷墙现象；当贴壁风开度为 75%时，从下层贴壁风喷口射出的烟花气流射程较 50%开度时进一步增长，且随下层气流的扰动烟花气流射程长短会有所波动，基本无刷墙现象。

图 6-14 侧墙下层贴壁风烟花示踪试验（A 侧墙俯视，下层贴壁风燃放烟花，贴壁风开度 25%）

图 6-15 侧墙下层贴壁风烟花示踪试验（A 侧墙俯视，下层贴壁风燃放烟花，贴壁风开度 50%）

图 6-16 侧墙下层贴壁风烟花示踪试验（A 侧墙俯视，下层贴壁风燃放烟花，贴壁风开度 75%）

综合侧墙下层贴壁风烟花示踪试验的两部分试验结果，下层贴壁风在 100%贴壁风开度时防刷墙效果较佳，建议日常运行时将侧墙下层贴壁风开度保持在 75%以上。

2. 侧墙中层贴壁风烟花示踪试验

侧墙中层贴壁风烟花示踪试验分为两部分，第一部分通过燃放设置在 D1、F1 燃烧器外二次风道的烟花来观察不同贴壁风开度下侧墙中层贴壁风防刷墙效果；第二部分通过燃放设置在贴壁风的烟花来观察不同贴壁风开度下侧墙中层贴壁风防刷墙效果。

（1）燃放 D1、F1 燃烧器外二次风道烟花。由 A 侧墙俯视可观察到（见图 6-17），当贴壁风开度为 25%时，从 D1、F1 燃烧器外二次风道喷口射出的烟花气流在经过侧墙中层区域时受到侧墙中层贴壁风喷口射出的气流影响，烟花气流与侧墙基本保持平衡，无刷墙现象。

图 6-17　侧墙中层贴壁风烟花示踪试验（A 侧墙俯视，D1、F1 燃放烟花，贴壁风开度 25%）

（2）燃放 A 侧墙中层贴壁风喷口烟花。由 A 侧墙俯视可观察到（见图 6-18～图 6-20），当贴壁风开度为 25%时，从中层贴壁风喷口射出的烟花气流射程较短，且随中层气流的扰动而出现刷墙现象；当贴壁风开度为 50%时，从中层贴壁风喷口射出的烟花气流射程较 25%开度时增长，且随中层气流的扰动烟花气流射程长短会有所波动，基本无刷墙现象；当贴壁风开度为 75%时，从中层贴壁风喷口射出的烟花气流射程较 50%开度时进一步增长，且随中层气流的扰动烟花气流射程长短会有所波动，基本无刷墙现象。

图 6-18　侧墙中层贴壁风烟花示踪试验（A 侧墙俯视，中层贴壁风燃放烟花，贴壁风开度 25%）

图 6-19　侧墙中层贴壁风烟花示踪试验（A 侧墙俯视，中层贴壁风燃放烟花，贴壁风开度 50%）

图 6-20　侧墙中层贴壁风烟花示踪试验（A 侧墙俯视，中层贴壁风燃放烟花，贴壁风开度 75%）

综合侧墙中层贴壁风烟花示踪试验的两部分试验结果，中层贴壁风在 50%贴壁风开度时防刷墙效果较佳，建议日常运行时将侧墙中层贴壁风开度保持在 50%以上。

3. 侧墙上层贴壁风烟花示踪试验

侧墙上层贴壁风烟花示踪试验分为两部分，第一部分通过燃放设置在 E1 燃烧器外二次风道的烟花来观察不同贴壁风开度下侧墙上层单磨煤机投运（E 投运、B 停运）的贴壁风防刷墙效果；第二部分通过燃放设置在贴壁风的烟花来观察不同贴壁风开度下侧墙上层贴壁风防刷墙效果。

（1）燃放 E1 燃烧器外二次风道烟花。由 A 侧墙俯视可观察到（见图 6-21～图 6-23），当贴壁风开度为 75%时，从 E1 燃烧器外二次风道喷口射出的烟花气流在经过侧墙上层区域时受到侧墙上层贴壁风喷口射出的气流影响而远离侧墙；当上层贴壁风开度从炉前往炉后依次为 100%、100%、100%、0（其他层均保持 75%不变）时，从 E1 射出的烟花气流在经过侧墙上层区域时基本与侧墙保持平行，无刷墙现象；当上层贴壁风开度从炉前往炉后依次为 100%、100%、0、0（其他层均保持 75%不变）时，从 E1 射出的烟花气流在经过侧墙上层中央区域时，受炉内气流扰动会出现刷墙现象。

图 6-21　侧墙上层贴壁风烟花示踪试验（A 侧墙俯视，E1 燃放烟花，贴壁风开度 75%）

图 6-22　侧墙上层贴壁风烟花示踪试验（A 侧墙俯视，E1 燃放烟花，上层贴壁风开度从炉前往后
依次为 100%、100%、100%、0，其他层均保持 75%不变）

图 6-23　侧墙上层贴壁风烟花示踪试验（A 侧墙俯视，E1 燃放烟花，上层贴壁风开度从炉前往后
依次为 100%、100%、0、0，其他层均保持 75%不变）

（2）燃放 A 侧墙上层贴壁风喷口烟花。由 A 侧墙俯视可观察到（见图 6-24、图 6-25），当贴壁风开度为 25% 时，从上层贴壁风喷口射出的烟花气流射程较短，且随上层气流的扰动而出现刷墙现象；当贴壁风开度为 50% 时，从上层贴壁风喷口射出的烟花气流射程较 25% 开度时增长，且随上层气流的扰动，烟花气流在靠近侧墙上层中央区域时出现刷墙现象。

图 6-24　侧墙上层贴壁风烟花示踪试验（A 侧墙俯视，上层贴壁风燃放烟花，贴壁风开度 25%）

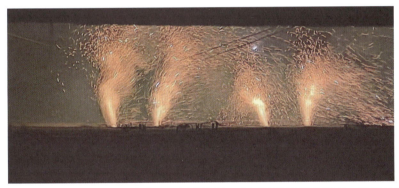

图 6-25　侧墙上层贴壁风烟花示踪试验（A 侧墙俯视，上层贴壁风燃放烟花，贴壁风开度 50%）

综合侧墙上层贴壁风烟花示踪试验的两部分试验结果，上层贴壁风在上层单磨煤机运行时，保持靠近运行磨煤机的前三个上层贴壁风手动阀全开可取得较佳的上层贴壁风防刷墙效果。建议日常运行时根据负荷及磨煤机投运情况，按如下情况灵活调整中、上层贴壁风开度。

（1）同一层前后墙的两台磨煤机仅单台投运时，建议考虑将靠近运行磨煤机的前三个对应层贴壁风开度手动阀保持在 100% 以上。

（2）中层前、后墙的两台磨煤机同时投运时，中层的贴壁风开度建议考虑保持在 50% 以上。

（3）上层前、后墙的两台磨煤机同时投运时，上层的贴壁风开度建议考虑保持在 75% 以上。

第七章 低负荷下燃烧优化调整技术

本章主要以一台 600MW 燃煤机组为例，对锅炉深度调峰下锅炉燃烧优化进行了研究，包括制粉系统试验、最佳氧量、二次风开度、燃尽风开度以及最优工况试验，为现场开展深度调峰技术改造提供了基础数据。

第一节 试 验 简 介

根据前述内容，本章所述电厂 2 号锅炉已完成深度调峰改造，改造后拟通过优化制粉系统及锅炉运行参数实现节能降耗。2 号锅炉燃烧优化调整试验包括调整制粉系统，确定合理的送粉风速和最佳的分离器出口挡板开度，使之在安全经济的状态下运行；对锅炉二次风配风方式、运行氧量等参数进行调整，掌握锅炉热损失的分配，寻找影响锅炉热效率的因素，同时寻求满足锅炉运行要求的工况，为机组深度调峰改造后安全、经济、环保运行提供依据。

一、汽轮机概况

该电厂 2 号汽轮机是东方汽轮机有限公司制造生产的 630MW 超临界汽轮机，型号为 N600-24.2/566/566。该型号机组为超临界、一次中间再热、单轴、三缸四排汽、双背压、凝汽式汽轮机。

（一）汽轮机主要技术参数

该电厂 2 号汽轮机通流改造后主要设计参数见表 7-1。

表 7-1   2 号汽轮机通流改造后主要设计参数

参数	数值
额定功率（MW）	630
转速（r/min）	3000
额定主汽门前蒸汽压力（Pa）及温度（℃）	24.2，566
设计背压（THA，kPa）	5.88
铭牌出力（TRL，MW）	630

参数	数值
经济运行工况（THA）功率（MW）	630
TRL工况背压（kPa）	9.6
铭牌容量额定功率（MW）	647.981
阀门全开（VWO）下功率（MW）	663.911
额定主蒸汽流量（THA，t/h）	1807.5
最大蒸汽流量（t/h）	1925.5
回热系统	3GJ+1CY+4DJ
额定给水温度（℃）	284.0
THA工况的保证热耗率（kJ/kWh）	7575

（二）回热系统参数

回热系统由三个高压加热器、四个低压加热器和一个除氧器构成，共八级回热，除氧器采用滑压运行，加热器上、下端差见表 7-2。

表 7-2　　　　　　　　　　　　　　加热器上、下端差

加热器名称	1 号高压加热器	2 号高压加热器	3 号高压加热器	5 号低压加热器	6 号低压加热器	7 号低压加热器	8 号低压加热器
上端差（℃）	−1.7	0	0	2.8	2.8	2.8	2.8
下端差（℃）	5.6	5.6	5.6	5.6	5.6	5.6	5.6

二、试验依据标准

（1）GB 26164.1—2010《电业安全工作规程　第 1 部分：热力和机械》。

（2）DL 5009.1—2014《电力建设安全工作规程　第 1 部分：火力发电》。

（3）《防止电力生产事故的二十五项重点要求》（国能安全〔2014〕161 号）。

（4）DL/T 852—2016《锅炉启动调试导则》。

（5）GB/T 10184—2015《电站锅炉性能试验规程》。

（6）设备制造厂的相关资料，包括逻辑图、流程图、试运说明书等。

三、试验前应具备的条件

（1）所有的电气、热工联锁和保护正常投入。

（2）确保试验用煤已备足，制粉系统按照调峰计划进行配煤，保证试验期间煤质维持稳定，试验负荷已申请。

（3）每次工况变动后需稳定工况至少 15～20min，风烟系统上氧量、温度、压力、流量、差压、烟压等表计均应显示准确。

（4）试验前确认入炉煤接近常用国内烟煤及高挥发分印尼煤（掺烧部分澳洲烟煤），煤粉细度在设计范围内。

（5）试验前确认炉膛压力波动在正常范围内，燃烧正常，火检信号正常。

（6）燃油系统正常，油循环至炉前，油枪手动门打开，以备燃烧不稳定时随时投用。

（7）确保微油枪和运行磨煤机对应的点火枪可靠备用。

（8）保证制粉系统风压、风速、温度测点可靠以保证制粉系统安全备用，稳定调整。

（9）调峰操作前试运行电动给水泵，使其处于可靠备用状态。

第二节　试验内容及方法

通过对制粉系统的调整，获得制粉系统的合理的运行方式（一次风速、分离器挡板、粉量分配等），并调整煤粉细度在设计范围内。调整锅炉运行氧量及锅炉配风方式等，使得锅炉获得经济的运行方式。测试期间退出 AGC 和一次调频运行。

一、试验内容

（一）制粉系统优化调整试验

（1）一次风热态调平。该项试验在磨煤机投煤的状况下进行，调整磨煤机出力为最大出力的 80%左右（45t/h），对磨煤机出口 6 根煤粉管的一次风速进行实际测量。对一次风管调节缩孔进行调整，使同台磨煤机出口 6 根一次风管风速偏差小于±10%。

（2）分离器挡板调整试验。调整磨煤机出力为最大出力的 80%左右（45t/h），磨煤机风量按照风煤比曲线设定，在 3 个不同分离器挡板开度下（包含当前开度，另外两个开度根据当前开度下的煤粉细度等情况确定），测定煤粉细度、磨煤机差压、磨煤机功率等参数，通过该项试验掌握分离器挡板开度和煤粉细度的关系，为燃烧调整及运行提供依据。该项试验要求单台磨煤机出力稳定，磨煤机风量稳定，每台磨煤机试验时间 4h，试验期间保持煤种不变（记录煤种）。

（3）磨煤机出力特性试验。该试验目的为分析磨煤机出力变化对制粉系统运行经济性及安全性的影响，以及磨煤机的最大出力。维持分离器挡板不变，在最大出力条件下测量煤粉细度、磨煤机差压和磨煤机功率等值。该项试验要求每台磨煤机试验时间 4h。

（4）磨煤机风量特性试验。该试验目的为分析磨煤机风量变化对制粉系统运行经济性及安全性的影响，确定磨煤机运行中控制的最佳风量。维持分离器挡板和磨辊加载力不变，调整磨煤机出力为最大出力的 80%左右（45t/h），在三个不同的风量条件下（风煤比为 1.75、1.90、2.05）测量煤粉细度、磨煤机差压和磨煤机功率等值。该项试验选定 3 台磨煤机进行，要求单台磨煤机出力稳定，每台磨煤机试验时间 4h。

（5）磨煤机最佳运行方式试验。该试验目的为验证上述各分项试验组合后的试验效果，最终确定磨煤机应该采取的最佳运行方式。调整方法为按上述分项试验求得的各运行参数的最佳值进行组合，进行综合性最佳工况试验。该项试验在选定的 3 台磨煤机上进行，拟进行 1 个工况。

（二）基础性调整试验

在 630、473、315MW 三种锅炉运行工况下，用网格法测量省煤器出口氧量，校对 DCS 氧量计的代表性，并了解省煤器出口氧量分布情况。

在 630、473、315MW 三种锅炉运行工况下，用网格法测量空气预热器出口锅炉排烟温度，与 DCS 排烟温度进行校对，检测排烟温度测点的代表性，并了解温度场分布。

（三）锅炉燃烧调整试验

1. 习惯运行工况测试

习惯运行工况为电厂运行人员习惯操作运行方式下的试验工况。该项试验目的在于测定目前运行状况及特性，掌握运行人员习惯运行方式和控制参数，检验锅炉燃烧优化调整前锅炉经济性。试验中记录锅炉运行主要参数，实测排烟温度、排烟氧量及大气参数等，并采集原煤、煤粉、飞灰、炉渣样品，计算锅炉热效率。

要求：630MW 负荷，做 2 个工况，每个工况稳定运行 3h，中间不吹灰，不定排，不启停磨煤机，不做大的调整。

2. 最佳氧量试验

以省煤器出口氧量为控制参数，通过改变送风机入口动叶开度实现总风量变化，以确定 2 号锅炉的最佳过量空气系数。630MW 负荷下氧量变化值为 2.0%、2.5%、3.0%；同负荷试验时保持炉膛风箱压差、磨煤机运行方式、一次风速等参数基本不变，进行锅炉热效率测试，根据试验确定 2 号锅炉的最佳运行氧量。

3. 二次风开度调整试验

在锅炉负荷与炉膛出口氧量不变的条件下（氧量按试验的结果确定），调整前、后墙三层燃烧器二次风箱两侧开度，同负荷试验时保持炉膛风箱压差、磨煤机运行方式、一次风速等参数基本不变，进行锅炉热效率测试，据试验确定最佳二次风开度。拟开展以下二次风开度调整工况，要求 630MW 负荷，每个工况稳定运行 3h，中间不吹灰，不定排，不启停磨煤机，不做大的调整。

（1）将下层燃烧器二次风开度设置为 80%，中层二次风开度设为 80%，上层二次风开度设为 80%，燃尽风开度维持习惯运行工况开度。

（2）将下层燃烧器二次风开度设置为 100%，中层二次风开度设为 80%，上层二次风开度设为 60%，燃尽风开度维持习惯运行工况开度。

4. 燃尽风开度调整试验

在锅炉负荷、炉膛出口氧量与二次风开度不变的条件下（氧量、二次风开度按试验结果确定），调整前、后墙燃尽风箱两侧开度，同负荷试验时保持炉膛风箱压差、磨煤机运行方式、一次风速等参数基本不变，进行锅炉热效率测试，据试验确定最佳燃尽风开度。拟开展以下燃尽风开度调整工况，要求 630MW 负荷，每个工况稳定运行 3h，中间不吹灰，不定排，不启停磨煤机，不做大的调整。

（1）将燃尽风开度设置为 60%。

（2）将燃尽风开度设置为80%。

（3）将燃尽风开度设置为100%。

5. 侧墙贴壁风开度调整试验

侧墙贴壁风调整试验的目的为调整侧墙贴壁风开度，避免水冷壁高温腐蚀和结焦。拟开展以下侧墙贴壁风开度调整工况，要求630MW负荷，每个工况稳定运行3h，中间不吹灰，不定排，不启停磨煤机，不做大的调整。记录锅炉运行主要参数，实测侧墙贴壁风处烟气成分。

（1）将侧墙贴壁风开度设置为50%。

（2）将侧墙贴壁风开度设置为75%。

（3）将侧墙贴壁风开度设置为100%。

6. 优化工况测试

根据以上调整单项的优化调整结果，综合考虑辅机电耗、污染物排放等情况，组织一个最优的燃烧工况进行测试。

二、试验主要仪器

试验用到的主要仪器见表7-3。

表 7-3 主要试验仪器

仪器设备名称	生产厂家	出厂编号	型号/规格	数量	有效期	备注
NGA2000烟气分析仪（NO、CO、CO$_2$、O$_2$等）	ROSEMOUNT	4508604746515	NGA 2000	1套	2024年11月1日	
数字式大气参数表（温湿度部分）	testo	02355131	testo 445	1个	2025年5月13日	实际值=仪表指示值-示值误差
微差压表	雅德	6340040	（0～10）kPa	1个	2024年10月30日	
等速飞灰采样装置（烟尘采样器流量部分）	青岛崂山应用技术研究所	A080462696X	崂应3012H	1套	2024年11月1日	
FLUKE测温仪	FLUKE	30140453WS	52II	1个	2024年11月1日	
		30140451WS（51）	52II	2个	2024年11月1日	
其他工具				若干		

三、试验条件

（1）试验前电厂应准备足够的稳定的试验用煤，尽可能保证各项测试在同一煤种或同一比例混煤下测试。

（2）试验前锅炉运行持续时间应大于72h，试验前至少1h保持机组负荷稳定。

（3）锅炉主要设备处于良好状态，无明显漏风、烟气和蒸汽现象。

（4）试验期间应保持锅炉各参数的稳定，炉膛负压表，氧量、温度等热工表计能投入并指示正确。

（5）锅炉制粉系统运行参数按照规定值设置。

（6）试验期间机组负荷应达到所要求负荷，测试期间机组负荷必须稳定，参数稳定范围如下。

1）锅炉负荷为蒸汽流量±3%。

2）主汽温为设计值±5℃，如不能达到额定值以厂家调整最优工况为准。

3）主汽压为压力的曲线±2%。

4）再热汽温为设计值±5℃，如不能达到额定值以厂家调整最优工况为准。

5）给水温度为设计给水温度±5℃。

（7）试验测试期间，锅炉运行人员不调整氧量、主汽温、再热汽温、主汽压、炉膛风箱压差、燃烧器摆角等参数设置，锅炉不吹灰、不打焦等。

（8）试验期间，锅炉投入协调控制系统，空气预热器密封装置投入自动。

四、主要测试方法

（1）测点布置。试验测点布置如图 7-1 所示。

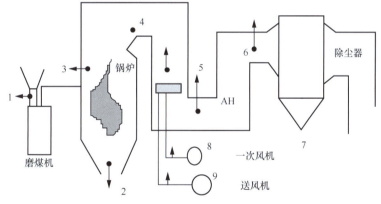

图 7-1　试验测点

1—原煤取样；2—炉渣取样；3—燃烧区域温度测量；4—炉膛出口烟温测量；5—空气预热器入口烟温、O_2；6—空气预热器出口烟温、O_2；7—飞灰取样；8—一次风温测量；9—二次风温测量

（2）原煤取样。试验期间，在煤场取对应燃料煤种。所采样品及时放入密封塑料桶内。试验结束后，全部样品混合缩分，送发电用煤质量监督检验中心化验。计算时，按照 6 台磨煤机配煤比例，计算得到分析燃煤特性数据。

（3）煤粉取样。煤粉样在磨煤机出口粉管上取样，试验期间分别对运行的各台磨煤机进行煤粉取样，每台磨煤机的煤粉单独成 1 个样品。煤粉的样品由试验单位化验其煤粉细度。

（4）飞灰取样。在电除尘器进口等速飞灰取样测点处，按等面积网格法，采用动压平衡等速取样装置等速采样，每点采样约 3min，试验结束后由送发电用煤质量监督检测中心进行灰中可燃物含量化验。飞灰取样系统如图 7-2 所示。

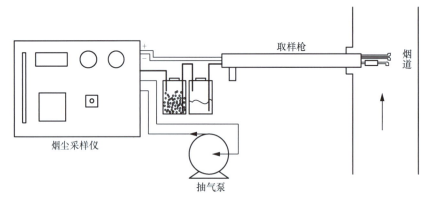

图 7-2　等速飞灰取样装置

（5）炉渣取样。炉底渣取样时，试验期间每隔 0.5h 取样 1 次，每次取样 1kg，取样位置在冷渣机出口。试验结束后，样品进行混合、缩分及化验处置。

（6）空气预热器进、出口烟温测量。空气预热器进口烟温在空气预热器进口测试，采用网格法；出口排烟温度测量在空气预热器出口进行，采用网格法。测量一次仪表为 E 型热电偶，二次仪表为 FLUKE 测温仪。

（7）烟气成分测量。空气预热器进、出口烟气成分分析取样分别在空气预热器进、出口烟道，主要分析 CO、CO_2、O_2，采用网格法。测量仪器为德国进口的烟气分析仪和氧量计。

（8）大气参数测量。在没有受到锅炉热辐射影响的地方，靠近送风机入口的地方，用普通温度计测量环境温度，大气湿度计测量环境湿度，空盒气压表测量大气压力，试验期间每 15min 测量记录一次。

（9）DCS 数据记录。DCS 数据通过 SIS 数据导出，试验期间每分钟记录一次，以试验期间平均值作为试验数据。其中，用于锅炉效率计算的进入系统一次风量、二次风量均为 DCS 数据。

第三节　试验结果及分析

2 号机组锅炉燃烧优化调整在 630MW、600MW、473MW、315MW 四个负荷工况下进行，依次进行了制粉系统优化调整试验、基础性调整试验、锅炉燃烧调整试验。试验进度记录见表 7-4。

表 7-4　　　　　　　　　　　　　　　　试验进度记录

日期	试验内容	负荷要求
2024年1月29日	开工手续办理、试验仪器现场准备	—
2024年1月31～2月1日	基础性调整试验	630MW、473MW、315MW

日期	试验内容	负荷要求
2024年2月26～3月15日	制粉系统优化调整试验	—
2024年3月19～29日	锅炉燃烧调整试验	600MW

一、制粉系统优化调整试验

（一）一次风热态调平

2024 年 2 月 26～3 月 1 日期间，对该电厂 2 号机组锅炉开展了一次风热态调平试验，调整磨煤机出力为最大出力的 80% 左右（45t/h）并保持稳定，用靠背管测量同层一次风管内的风量。比较测量数据，对风量偏差大的风管通过调整安装在该管上的可调缩孔进行调节，使同层风量偏差小于 ±10%。一次风热态调平试验结果见表 7-5。

表 7-5　　　　　　　　　　一次风热态调平试验结果

磨煤机	测量项目	单位	1 号管	2 号管	3 号管	4 号管	5 号管	6 号管
A	一次风管动压1	Pa	250	600	310	160	260	270
	一次风管动压2	Pa	260	580	340	280	280	390
	一次风管动压3	Pa	270	570	350	470	400	430
	一次风管动压4	Pa	300	620	430	470	520	490
	一次风管动压5	Pa	330	680	450	500	430	530
	一次风管动压6	Pa	360	730	480	540	350	570
	测量处静压	Pa	50	700	900	1400	1100	1200
	测量处温度	°C	18.7	18.7	18.7	18.7	18.7	18.7
	测量处大气压	Pa	101430	101430	101430	101430	101430	101430
	皮托管系数	—	0.84	0.84	0.84	0.84	0.84	0.84
	风管内径	m	0.48	0.48	0.48	0.48	0.48	0.48
	平均动压	Pa	294	629	391	389	368	441
	气流密度	kg/m³	1.212	1.220	1.222	1.228	1.225	1.226
	风管风速	m/s	18.5	27.0	21.2	21.1	20.6	22.5
	平均风速	m/s	21.8	21.8	21.8	21.8	21.8	21.8
	各管风速偏差	%	−15.3	23.6	−2.7	−3.1	−5.6	3.2
	风量	m³/h	12049	17572	13840	13775	13418	14675
	总风量	kg/h	104274					
B	一次风管动压1	Pa	210	360	390	400	470	410
	一次风管动压2	Pa	270	390	420	430	430	450
	一次风管动压3	Pa	350	440	480	510	460	400
	一次风管动压4	Pa	570	470	530	580	510	410
	一次风管动压5	Pa	590	530	570	620	530	350
	一次风管动压6	Pa	590	580	600	610	540	310
	测量处静压	Pa	2500	2500	2500	2600	2600	2500
	测量处温度	°C	18.7	18.7	18.7	18.7	18.7	18.7

磨煤机	测量项目	单位	1号管	2号管	3号管	4号管	5号管	6号管
B	测量处大气压	Pa	101430	101430	101430	101430	101430	101430
	皮托管系数	—	0.84	0.84	0.84	0.84	0.84	0.84
	风管内径	m	0.48	0.48	0.48	0.48	0.48	0.48
	平均动压	Pa	414	459	495	521	489	387
	气流密度	kg/m³	1.241	1.241	1.241	1.242	1.242	1.241
	风管风速	m/s	21.7	22.8	23.7	24.3	23.6	21.0
	平均风速	m/s	22.9	22.9	22.9	22.9	22.9	22.9
	各管风速偏差	%	−5.1	−0.1	3.8	6.5	3.1	−8.2
	风量	m³/h	14136	14876	15462	15855	15358	13665
	总风量	kg/h	110942					
C（调前）	一次风管动压1	Pa	540	270	230	440	230	350
	一次风管动压2	Pa	400	270	260	460	210	560
	一次风管动压3	Pa	480	300	310	500	290	570
	一次风管动压4	Pa	490	360	400	510	390	680
	一次风管动压5	Pa	530	410	460	570	450	710
	一次风管动压6	Pa	540	460	490	610	500	730
	测量处静压	Pa	1000	2200	1500	2500	1900	900
	测量处温度	°C	18.7	18.7	18.7	18.7	18.7	18.7
	测量处大气压	Pa	101430	101430	101430	101430	101430	101430
	皮托管系数	—	0.84	0.84	0.84	0.84	0.84	0.84
	风管内径	m	0.48	0.48	0.48	0.48	0.48	0.48
	平均动压	Pa	495	341	351	513	336	592
	气流密度	kg/m³	1.223	1.238	1.229	1.241	1.234	1.222
	风管风速	m/s	23.9	19.7	20.1	24.2	19.6	26.1
	平均风速	m/s	22.3	22.3	22.3	22.3	22.3	22.3
	各管风速偏差	%	7.3	−11.4	−9.8	8.5	−12.0	17.4
	风量	m³/h	15575	12854	13087	15740	12774	17035
	总风量	kg/h	107199					
C（调后）	一次风管动压1	Pa	260	170	370	360	410	370
	一次风管动压2	Pa	320	140	410	440	360	350
	一次风管动压3	Pa	410	220	430	510	400	400
	一次风管动压4	Pa	630	350	510	600	510	420
	一次风管动压5	Pa	650	430	580	630	590	780
	一次风管动压6	Pa	670	460	610	660	600	760
	测量处静压	Pa	600	1900	1300	1300	2200	900
	测量处温度	°C	19	19	19	19	19	19
	测量处大气压	Pa	101600	101600	101600	101430	101600	101600
	皮托管系数	—	0.84	0.84	0.84	0.84	0.84	0.84
	风管内径	m	0.48	0.48	0.48	0.48	0.48	0.48
	平均动压	Pa	475	281	481	528	474	498

磨煤机	测量项目	单位	1号管	2号管	3号管	4号管	5号管	6号管
C（调后）	气流密度	kg/m³	1.219	1.235	1.228	1.226	1.238	1.223
	风管风速	m/s	23.4	17.9	23.5	24.6	23.2	24.0
	平均风速	m/s	22.8	22.8	22.8	22.8	22.8	22.8
	各管风速偏差	%	2.9	−21.4	3.2	8.2	1.9	5.2
	风量	m³/h	15273	11678	15319	16058	15138	15623
	总风量	kg/h	109412					
D	一次风管动压1	Pa	360	310	370	310	260	360
	一次风管动压2	Pa	430	340	450	330	380	360
	一次风管动压3	Pa	440	360	500	350	390	380
	一次风管动压4	Pa	510	420	540	400	650	430
	一次风管动压5	Pa	530	460	560	460	700	490
	一次风管动压6	Pa	570	480	590	500	680	540
	测量处静压	Pa	1900	1900	2000	1500	1600	1700
	测量处温度	°C	18.7	18.7	18.7	18.7	18.7	18.7
	测量处大气压	Pa	101430	101430	101430	101430	101430	101430
	皮托管系数	—	0.84	0.84	0.84	0.84	0.84	0.84
	风管内径	m	0.48	0.48	0.48	0.48	0.48	0.48
	平均动压	Pa	471	393	499	389	494	424
	气流密度	kg/m³	1.234	1.234	1.235	1.229	1.230	1.232
	风管风速	m/s	23.2	21.2	23.9	21.1	23.8	22.0
	平均风速	m/s	22.5	22.5	22.5	22.5	22.5	22.5
	各管风速偏差	%	2.9	−6.0	5.9	−6.3	5.6	−2.2
	风量	m³/h	15115	13803	15553	13762	15512	14361
	总风量	kg/h	108588					
E	一次风管动压1	Pa	—	550	530	330	540	240
	一次风管动压2	Pa		560	510	330	560	450
	一次风管动压3	Pa		610	550	410	580	530
	一次风管动压4	Pa		630	560	500	610	590
	一次风管动压5	Pa		720	610	540	640	600
	一次风管动压6	Pa		770	610	580	670	630
	测量处静压	Pa		2500	2300	2200	2300	2200
	测量处温度	°C		18.7	18.7	18.7	18.7	18.7
	测量处大气压	Pa		101430	101430	101430	101430	101430
	皮托管系数	—		0.84	0.84	0.84	0.84	0.84
	风管内径	m		0.48	0.48	0.48	0.48	0.48
	平均动压	Pa		638	561	443	599	496
	气流密度	kg/m³		1.241	1.239	1.238	1.239	1.238
	风管风速	m/s		26.9	25.3	22.5	26.1	23.8
	平均风速	m/s		24.9	24.9	24.9	24.9	24.9
	各管风速偏差	%		8.1	1.5	−9.8	4.9	−4.6

磨煤机	测量项目	单位	1号管	2号管	3号管	4号管	5号管	6号管
E	风量	m³/h		17541	16471	14640	17021	15492
	总风量	kg/h			100551			
F	一次风管动压1	Pa	400	460	310	400	440	380
	一次风管动压2	Pa	420	530	420	420	370	400
	一次风管动压3	Pa	440	570	460	450	380	450
	一次风管动压4	Pa	480	610	500	540	470	510
	一次风管动压5	Pa	540	640	540	600	520	570
	一次风管动压6	Pa	570	680	560	620	580	600
	测量处静压	Pa	2700	2700	2700	2400	2500	2500
	测量处温度	℃	18.7	18.7	18.7	18.7	18.7	18.7
	测量处大气压	Pa	101430	101430	101430	101430	101430	101430
	皮托管系数	—	0.84	0.84	0.84	0.84	0.84	0.84
	风管内径	m	0.48	0.48	0.48	0.48	0.48	0.48
	平均动压	Pa	473	579	461	501	457	482
	气流密度	kg/m³	1.244	1.244	1.244	1.240	1.241	1.241
	风管风速	m/s	23.2	25.6	22.9	23.9	22.8	23.4
	平均风速	m/s	23.6	23.6	23.6	23.6	23.6	23.6
	各管风速偏差	%	−1.9	8.5	−3.2	1.1	−3.5	−1.0
	风量	m³/h	15094	16705	14900	15562	14852	15244
	总风量	kg/h			114728			

B、D、E、F 磨煤机在经过一次风冷态调平之后，各管风量偏差在热态运行中继续表现出较佳水平，均满足同层风量偏差小于±10%的要求。其中，E 磨煤机 1 号管由于密封泄漏在试验期间进行了闭管处理，故 1 号管无测量数据，其余 5 条风管风量均满足偏差小于±10%的要求；A 磨煤机由于现有缩孔调整机构卡死，无法调整，试验期间 1 号管风量偏小，2 号管风量偏大，3～6 号管风量均满足偏差小于±10%的要求；C 磨煤机 2 号管风量始终偏小且受缩孔调整影响的变化较小，1 号管及 3～6 号管风量经过缩孔调整后均满足偏差小于±10%的要求。

（二）分离器挡板调整试验

2 号机组深度调峰改造对 2 号锅炉的 A、C 磨煤机静态分离器进行了改造，使其具备远方可操控的静态分离器挡板电动调整功能，提高了机组针对不同煤质在煤粉细度方面的调整灵活性，增强了机组的燃用煤种适应性。2024 年 3 月 12～13 日，对该电厂 2 号机组锅炉开展了分离器挡板调整试验，针对 A、C 磨煤机的分离器挡板进行了调整，试验结果如下。

1. A磨煤机分离器挡板调整试验

试验期间，A 磨煤机燃用甬海 3（低）-内贸煤，低位发热量 4687kcal/kg、挥发分 25.76%、灰分 22.44%、硫分 0.37%、灰熔点 1500℃。针对燃用煤种计算得出理论经济细

度 R_{90} 为 14.17%，分别在 34.1%、53.7%、58.2%三个分离器挡板开度下对 A 磨煤机进行煤粉细度、磨煤机差压、磨煤机电流等参数测定，见表 7-6。

表 7-6   A 磨煤机分离器挡板调整试验结果

项目	A 磨煤机		
工况	1	2	3
试验内容	挡板工况一	挡板工况二	挡板工况三
稳定运行时间（min）	60	65	53
期间平均出力（t/h）	41.92	42.32	43.18
磨煤机入口风量（t/h）	66.28	69.39	65.58
磨煤机电流（A）	55.82	58.02	61.78
磨煤机出口温度（℃）	80.84	75.06	80.26
磨煤机差压（kPa）	2.44	2.65	2.80
分离器挡板开度（%）	58.2	53.7	34.1
R_{90}（%）	31.09	19.34	9.25
R_{200}（%）	0.52	0.44	0.39
煤粉均匀性指数 n	1.93	1.47	0.91

从表 7-5 看出，随着分离器挡板开度从 58.2%关小至 34.1%，煤粉细度 R_{90} 从 31.09%减小至 9.25%。在 A 磨煤机燃用甬海 3（低）-内贸煤期间，可通过调整 A 磨煤机分离器挡板开度有效调节煤粉细度 R_{90}，并将其调节至理论经济细度 R_{90}（14.17%）水平以内，分离器挡板煤粉细度 R_{90} 与分离器挡板开度的调节关系如图 7-3 所示。

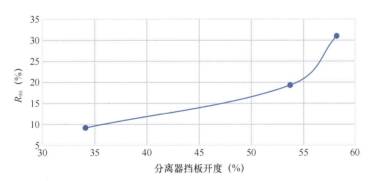

图 7-3   A 磨煤机煤粉细度 R_{90} 与分离器挡板开度调节关系

据图 7-3，建议考虑在燃用甬海 3（低）-内贸煤（挥发分 25.76%）期间，将分离器挡板开度调整至 43%，以调节煤粉细度 R_{90} 至理论经济细度 R_{90}（14.17%）水平以内。

2. C 磨煤机分离器挡板调整试验

试验期间，C 磨煤机燃用混煤（1:1），包括新海洲 71-印尼煤，低位发热量 3909kcal/kg、挥发分 38.82%、灰分 7.91%、硫分 0.13%、灰熔点 1200℃；0-东方先锋-印尼煤，低位发热量 3654kcal/kg、挥发分 40.08%、灰分 4.92%、硫分 0.1%、灰熔点 1286℃。针对燃用煤种计算得出理论经济细度 R_{90} 为 21.70%，分别在 45.7%、54.1%、65.5%三个分离器挡板开度下对 C 磨煤机进行煤粉细度、磨煤机差压、磨煤机电流等参数测定，试验结果见表 7-7。

表 7-7　　　　　　　　　　C 磨煤机分离器挡板调整试验结果

项目	C 磨煤机		
工况	4	5	6
试验内容	挡板工况一	挡板工况二	挡板工况三
开始时间	2024年3月13日10时04分	2024年3月14日9时24分	2024年3月14日10时35分
结束时间	2024年3月13日10时57分	2024年3月14日10时24分	2024年3月14日11时35分
稳定运行时间（min）	53	60	60
期间平均出力（t/h）	45.20	45.13	45.08
磨煤机入口风量（t/h）	77.02	76.30	77.55
磨煤机电流（A）	51.17	53.69	52.02
磨煤机出口温度（℃）	55.94	57.90	57.79
磨煤机差压（kPa）	2.53	2.47	2.44
分离器挡板开度（%）	54.1	45.7	65.5
R_{90}（%）	20.75	17.86	21.44
R_{200}（%）	3.79	3.34	3.70
煤粉均匀指数n	0.91	0.88	0.99

从表 7-7 看出，随着分离器挡板开度从 45.7%开大至 65.5%，煤粉细度 R_{90} 从 17.86%增大至 21.44%。在 C 磨煤机燃用混煤（1:1，新海洲 71-印尼煤，0-东方先锋-印尼煤）期间，可通过调整 C 磨煤机分离器挡板开度有效调节煤粉细度 R_{90}，并将其调节至理论经济细度 R_{90}（21.70%）水平以内，分离器挡板煤粉细度 R_{90} 与分离器挡板开度的调节关系如图 7-4 所示。

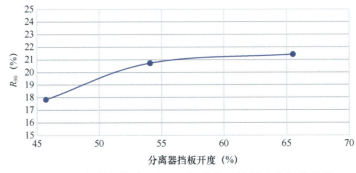

图 7-4　C 磨煤机煤粉细度 R_{90} 与分离器挡板开度调节关系

据图 7-4，建议考虑在燃用混煤（1:1，新海洲 71-印尼煤，0-东方先锋-印尼煤，综合挥发分 39.45%）期间，将分离器挡板开度调整至 65%，以调节煤粉细度 R_{90} 至理论经

济细度 R_{90}（21.70%）水平以内。

（三）磨煤机出力特性试验

2024 年 3 月 11～14 日，对该电厂 2 号机组锅炉 6 台磨煤机开展了磨煤机最大出力特性试验，试验结果见表 7-8。

表 7-8　　　　　　　　　磨煤机出力（最大出力）特性试验结果

项目	A 磨煤机	B 磨煤机	C 磨煤机	D 磨煤机	E 磨煤机	F 磨煤机
工况	7	8	9	10	11	12
试验内容	最大出力	最大出力	最大出力	最大出力	最大出力	最大出力
稳定运行时间（min）	60	60	55	70	65	60
期间平均出力（t/h）	41.92	55.11	55.28	45.27	54.94	54.77
磨煤机入口风量（t/h）	66.28	63.66	73.63	71.58	74.30	70.89
磨煤机电流（A）	55.82	60.09	58.62	48.08	57.79	61.22
磨煤机出口温度（℃）	80.84	53.82	56.30	55.23	58.12	55.03
磨煤机差压（kPa）	2.44	2.68	2.68	2.42	1.87	2.59
分离器挡板开度（%）	58.2	—	54.1	—	—	—
R_{90}（%）	31.09	39.62	23.91	14.91	41.92	18.41
R_{200}（%）	0.52	7.99	5.17	0.88	13.07	2.98
煤粉均匀性指数 n	1.93	1.26	0.94	1.07	1.36	0.93

注　1. A磨煤机，甬海3（低）-内贸煤，低位发热量4687kcal/kg、挥发分25.76%、灰分22.44%、硫分0.37%、灰熔点1500℃。

　　2. B磨煤机，海昌阳光-印尼煤，低位发热量4682kcal/kg、挥发分38.1%、灰分5.41%、硫分0.59%、灰熔点1107℃。

　　3. C、F磨煤机，混煤（1:1），新海洲71-印尼煤，低位发热量3909kcal/kg、挥发分38.82%、灰分7.91%、硫分0.13%、灰熔点1200℃; 0-东方先锋-印尼煤，低位发热量3654kcal/kg、挥发分40.08%、灰分4.92%、硫分0.1%、灰熔点1286℃。

　　4. E磨煤机，0-东方先锋-印尼煤，低位发热量3654kcal/kg、挥发分40.08%、灰分4.92%、硫分0.1%、灰熔点1286℃。

B、C、E、F 磨煤机在 55t/h 出力条件下进行试验（55t/h 为该电厂热工专业在 DCS 设置的磨煤机最大出力上限）；A 磨煤机在试验期间燃用甬海 3（低）-内贸煤，为保障该煤种在燃用时满足磨煤机出口温度达到 80℃以上（日常运行习惯要求），由运行根据机组实际风机出力上限匹配冷、热一次风量及煤量，最终调整在 42t/h 出力条件下进行试验；D 磨煤机在试验期间由于燃用煤种煤质劣化出现堵磨，清堵后为保障机组安全，最终在 45t/h 出力条件下进行试验。

A 磨煤机在试验期间燃用甬海 3（低）-内贸煤并维持 42t/h 出力，A 磨煤机的煤粉细度 R_{90} 处于较高水平，建议考虑通过调节分离器挡板开度（考虑调整至 43%）减小 A 磨煤机煤粉细度 R_{90} 以达到理论经济细度 R_{90}（14.17%）水平以内。

B、E 磨煤机在试验期间均燃用海昌阳光-印尼煤并维持 55t/h 出力，B、E 磨煤机的煤粉细度 R_{90} 均处于较高水平，考虑该现象与 B、E 磨煤机分离器挡板开度等因素相关；B 磨煤机入口风量（63.66t/h）与 E 磨煤机（74.30t/h）相比处于较低水平，考虑该现象与机组风机出力情况以及 B 磨煤机一次风管阻力等因素相关；B 磨煤机差压（2.68kPa）与 E 磨煤机（1.87kPa）相比处于较高水平，考虑该现象与 B 磨煤机分离器挡板开度以及 B 磨煤机入口风量等因素相关。综上，建议对 B、E 磨煤机分离器挡板调节机构进行整改，恢复挡板手动调节功能或加装挡板电动调节机构（远方可操控）；在日常运行中密切关注 B 磨煤机风煤比，在 B 磨煤机入口风量达到上限（结合煤种对磨煤机出口温度要求）时适当减小 B 磨煤机出力，避免风煤比过小引起堵磨。

C、F 磨煤机在试验期间均燃用混煤（1:1，新海洲 71-印尼煤，0-东方先锋-印尼煤）并维持 55t/h 出力，C、F 磨煤机的煤粉细度 R_{90} 均处于较佳水平，建议对 F 磨煤机分离器挡板调节机构进行整改，恢复挡板手动调节功能或加装挡板电动调节机构（远方可操控），通过调节分离器挡板开度在理论经济细度 R_{90}（21.70%）水平以内适当增大 F 磨煤机煤粉细度 R_{90} 以减少磨煤机电耗。

D 磨煤机在试验期间燃用 0-东方先锋-印尼煤并维持 45t/h 出力，D 磨煤机的煤粉细度处于较佳水平，建议对 D 磨煤机分离器挡板调节机构进行整改，恢复挡板手动调节功能或加装挡板电动调节机构（远方可操控），通过调节分离器挡板开度在理论经济细度 R_{90}（22.04%）水平以内适当增大 D 磨煤机煤粉细度 R_{90} 以减少磨煤机电耗。

（四）磨煤机风量特性试验

2024 年 3 月 12～15 日，对该电厂 2 号机组锅炉 A、C、F 三台磨煤机开展了磨煤机风量特性试验，试验结果见表 7-9。

表 7-9　　　　　　　　　　　磨煤机风量特性试验结果

项目	A 磨煤机 [甬海 3（低）-内贸煤]		C 磨煤机 [混煤（1:1），新海洲 71-印尼煤，0-东方先锋-印尼煤]			F 磨煤机 [混煤（1:1），新海洲 71-印尼煤，0-东方先锋-印尼煤]	
工况	13	14	15	16	17	18	19
试验内容	风量工况一	风量工况二	风量工况一	风量工况二	风量工况三	风量工况一	风量工况二
稳定运行时间（min）	60	65	53	55	55	49	64
期间平均出力（t/h）	41.92	42.43	45.20	45.29	45.41	45.02	45.75
磨煤机入口风量（t/h）	66.28	71.05	77.02	80.22	71.76	77.56	67.83
磨煤机电流（A）	55.82	57.37	51.17	50.89	53.60	54.65	55.44
磨煤机出口温度（℃）	80.84	68.89	55.94	55.80	56.59	54.58	54.76
磨煤机差压（kPa）	2.44	2.63	2.53	2.55	2.23	2.43	2.05
分离器挡板开度（%）	58.2	58.2	54.1	54.1	54.1	—	—
R_{90}（%）	31.09	32.73	20.75	22.19	18.61	11.73	12.13
R_{200}（%）	0.52	0.55	3.79	3.26	3.45	1.80	1.36
煤粉均匀性指数 n	1.93	1.94	0.91	1.04	0.90	0.82	0.90
风煤比	1.58	1.67	1.70	1.77	1.58	1.72	1.48

A 磨煤机在 42t/h 出力条件下进行试验，C、F 磨煤机在 45t/h 出力条件下进行试验。

A 磨煤机在试验期间燃用甬海 3（低）-内贸煤并维持 42t/h 出力，随着磨煤机入口风量增大，风煤比由 1.58 升高至 1.67，磨煤机出口温度降低，磨煤机差压升高，磨煤机电流增大，煤粉细度 R_{90} 轻微增大。建议 A 磨煤机在机组日常稳态运行期间采用风量工况一运行方式，将磨煤机差压控制在较低水平以保障磨煤机安全性，同时减少磨煤机电耗以提升磨运行经济性。

C 磨煤机在试验期间燃用混煤（1∶1，新海洲 71-印尼煤，0-东方先锋-印尼煤）并维持 45t/h 出力，随着磨煤机入口风量增大，风煤比 1.58 升高至 1.77，磨煤机出口温度轻微降低，磨煤机差压升高，磨煤机电流减小，煤粉细度 R_{90} 增大。建议 C 磨煤机在机组日常稳态运行期间采用风量工况一运行方式，减少磨煤机电耗以提升磨运行经济性，同时密切关注磨煤机差压，如磨煤机差压进一步升高建议 C 磨煤机切换为风量工况三运行方式，待磨煤机差压降低后再切回风量工况一运行方式。

F 磨煤机在试验期间燃用混煤（1∶1，新海洲 71-印尼煤，0-东方先锋-印尼煤）并维持 45t/h 出力，随着磨煤机入口风量增大，风煤比由 1.48 升高至 1.72，磨煤机出口温度保持稳定，磨煤机差压升高，磨煤机电流轻微减小，煤粉细度 R_{90} 轻微减小。建议 F 磨煤机在机组日常稳态运行期间采用风量工况二运行方式，将磨煤机差压控制在较低水平以保障磨煤机安全性。

（五）磨煤机最佳运行方式试验

2024 年 3 月 12～15 日期间，对该电厂 2 号机组锅炉 A、C、F 三台磨煤机开展了磨煤机最佳运行方式试验，试验结果见表 7-10。

表 7-10　　　　　　　　　磨煤机最佳运行方式试验结果

项目	A 磨煤机 [甬海 3（低）-内贸煤]		C 磨煤机［混煤（1:1）， 新海洲 71-印尼煤， 0-东方先锋-印尼煤］		F 磨煤机［混煤（1:1）， 新海洲 71-印尼煤， 0-东方先锋-印尼煤］
工况	20	21	22	23	24
试验内容	优化工况一	优化工况二	优化工况一	优化工况二	优化工况
稳定运行时间（min）	60	53	53	60	64
期间平均出力（t/h）	41.92	43.18	45.20	45.08	45.75
磨煤机入口风量（t/h）	66.28	65.58	77.02	77.55	67.83
磨煤机电流（A）	55.82	61.78	51.17	52.02	55.44
磨煤机出口温度（℃）	80.84	80.26	55.94	57.79	54.76
磨煤机差压（kPa）	2.44	2.80	2.53	2.44	2.05
分离器挡板开度（%）	58.2	34.1	54.1	65.5	—
R_{90}（%）	31.09	9.25	20.75	21.44	12.13
R_{200}（%）	0.52	0.39	3.79	3.70	1.36
煤粉均匀性指数 n	1.93	0.91	0.91	0.99	0.90
风煤比	1.58	1.52	1.70	1.72	1.48

A 磨煤机在 42t/h 出力条件下进行试验，C、F 磨煤机在 45t/h 出力条件下进行试验。

A 磨煤机在试验期间燃用甬海 3（低）-内贸煤并维持 42t/h 出力，对比两个优化工况可知：优化工况一磨煤机差压及磨煤机电流较低，安全性与经济性更佳；优化工况二煤粉细度 R_{90} 较小，更有利于煤粉燃尽。在机组日常稳态运行期间，建议 A 磨煤机在优化工况二运行方式基础上将分离器挡板开度调整至 43%，以降低磨煤机差压及磨煤机电流，从而提高磨煤机安全性与经济性。

C 磨煤机在试验期间燃用混煤（1:1，新海洲 71-印尼煤，0-东方先锋-印尼煤）并维持 45t/h 出力，对比两个优化工况可知：两个优化工况磨煤机差压水平相近；优化工况一磨煤机电流较低且煤粉细度 R_{90} 较小，经济性更佳且更有利于煤粉燃尽。在机组日常稳态运行期间，建议 C 磨煤机采用优化工况一运行方式。

F 磨煤机在试验期间燃用混煤（1:1，新海洲 71-印尼煤，0-东方先锋-印尼煤）并维持 45t/h 出力，与 C 磨煤机（燃用同一煤种且出力相同）相比，F 磨煤机在优化工况中磨煤机差压较低且煤粉细度 R_{90} 较小，经济性较佳且较有利于煤粉燃尽。在机组日常稳态运行期间，建议 F 磨煤机采用优化工况运行方式。

二、基础性调整试验

2024 年 1 月 31～2 月 23 日期间，该电厂 2 号机组锅炉开展了基础性调整试验。

（一）空气预热器进口烟气氧量分布情况

在锅炉运行 630MW、473MW、315MW、252MW、189MW 五种工况下，用网格法测量空气预热器进口烟气氧量，校对 DCS 氧量计的代表性，并了解空气预热器进口烟气氧量分布情况，试验结果见表 7-11。

表 7-11　　　　　　　　空气预热器进口烟气氧量校对试验结果

项目	单位	来源	负荷（MW）				
			315	473	630	252	189
空气预热器A侧进口表盘氧量	%	DCS	6.25	2.99	1.69	8.16	10.90
空气预热器A侧进口氧量	%	测量	6.89	3.30	2.79	8.90	12.01
空气预热器A侧进口湿基氧量	%	计算	6.19	2.90	2.45	8.14	11.20
空气预热器A侧进口氧量校对系数		计算	0.99	0.97	1.45	1.00	1.03
空气预热器A侧进口氧量校对系数（全工况均值）		计算	1.09				
空气预热器B侧进口表盘氧量	%	DCS	6.68	3.12	2.95	8.70	11.34
空气预热器B侧进口氧量	%	测量	7.13	3.12	3.45	8.68	12.11
空气预热器B侧进口湿基氧量	%	计算	6.40	2.74	3.03	7.94	11.29
空气预热器B侧进口氧量校对系数		计算	0.96	0.88	1.03	0.91	1.00
空气预热器A侧进口氧量校对系数（全工况均值）		计算	0.95				

从表 7-11 看出，空气预热器两侧进口表盘氧量与测量值较为接近，当前空气预热器两侧进口 DCS 氧量计代表性较佳。空气预热器进口烟气氧量分布情况如图 7-5～图 7-9 所示，可以看出，当前空气预热器进口烟气氧量分布较均匀。

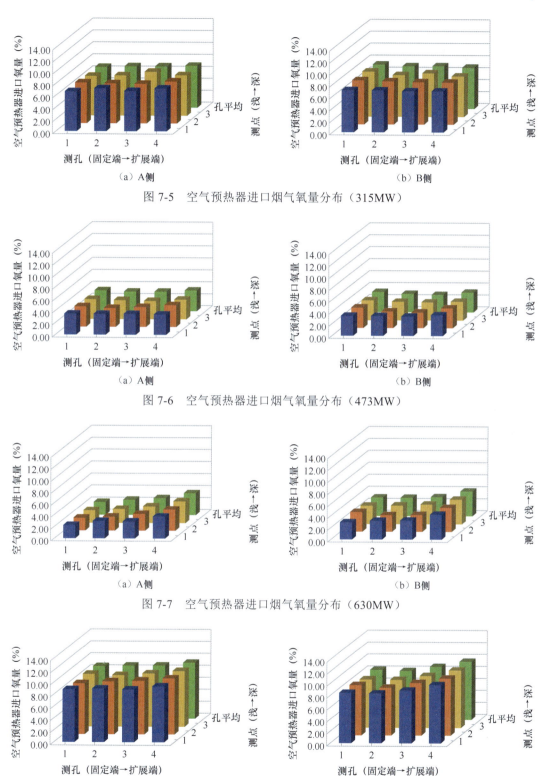

图 7-5　空气预热器进口烟气氧量分布（315MW）

图 7-6　空气预热器进口烟气氧量分布（473MW）

图 7-7　空气预热器进口烟气氧量分布（630MW）

图 7-8　空气预热器进口烟气氧量分布（252MW）

燃煤电厂深度调峰技术与应用

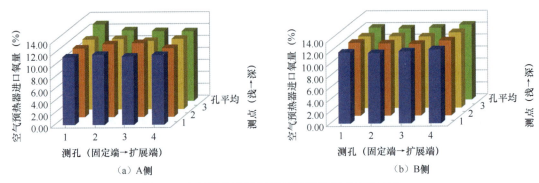

(a) A侧　　　　　　　　　　　　　　(b) B侧

图 7-9　空气预热器进口烟气氧量分布（189MW）

（二）空气预热器出口排烟温度分布情况

在锅炉运行 630MW、473MW、315MW、252MW、189MW 五种工况下，用网格法测量空气预热器出口排烟温度，与 DCS 排烟温度进行校对，检测排烟温度测点的代表性，并了解温度场分布，试验结果见表 7-12。

表 7-12　　　　　　　　　　空气预热器出口排烟温度校对试验结果

项目	单位	来源	负荷（MW）				
			315	473	630	252	189
空气预热器A侧出口表盘烟温	℃	DCS	118.57	129.26	140.28	123.95	120.69
空气预热器A侧出口烟温	℃	测量	115.53	130.67	144.04	121.25	119.91
空气预热器A侧出口烟温校对系数		计算	0.97	1.01	1.03	0.98	0.99
空气预热器A侧出口烟温校对系数（全工况均值）		计算	1.00				
空气预热器B侧出口表盘烟温	℃	DCS	113.68	123.22	133.89	115.80	114.27
空气预热器B侧出口烟温	℃	测量	111.40	121.38	134.84	113.75	111.80
空气预热器A侧出口烟温校对系数		计算	0.98	0.99	1.01	0.98	0.98
空气预热器A侧出口烟温校对系数（全工况均值）		计算	0.99				

从表 7-12 看出，空气预热器两侧出口排烟温度与测量值较为接近，当前空气预热器两侧出口排烟温度测点代表性较佳。空气预热器出口排烟温度分布情况如图 7-10、图 7-11 所示。

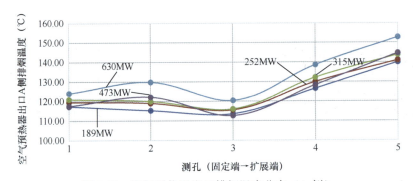

图 7-10　空气预热器出口排烟温度分布（A侧）

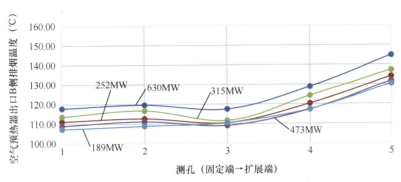

图 7-11 空气预热器出口排烟温度分布（B 侧）

从图 7-10、图 7-11 看出，空气预热器两侧出口排烟温度在横向分布上（固定端→扩展端）均呈现出靠近固定端较低、靠近扩展端较高的分布特征。

三、锅炉燃烧调整试验

2024 年 1 月 31～3 月 29 日，对该电厂 2 号机组锅炉开展了锅炉燃烧调整试验，包括习惯运行工况测试、最佳氧量试验、二次风开度调整试验、燃尽风开度调整试验、优化工况测试。试验期间燃用煤种煤质分析见表 7-13。

表 7-13　　　　　　　　　　　　　　试验期间燃用煤种煤质分析

项目	单位	神华煤（设计煤种）	晋北煤（校核煤种）	2号锅炉燃用煤（混合1）	2号锅炉燃用煤（混合2）
全水分	%	12.70	9.61	27.4	27.6
分析水分（空干基）	%	7.80	2.85	12.46	10.8
空干基灰分	%	13.24	21.36	7.24	5.95
空干基挥发分	%	28.86	34.73	39.3	41.4
空干基固定碳	%	47.67	47.80	41	41.85
空干基硫分	%	0.45	0.66	0.18	0.14
弹筒发热量	kJ/kg	—	—	23258	23978
高位发热量	kJ/kg	—	—	23215.15	23938.05
收到基低位发热量	kJ/kg	22800.00	22410.00	17934	18100
空干基碳	%	63.91	62.94	58.64	60.19
空干基氢	%	3.82	3.61	4.03	4.16
空干基氮	%	0.74	0.85	0.7	0.68
空干基氧	%	10.03	7.74	16.75	18.08
收到基挥发分	%	27.33	22.82	32.5797	33.6168
换算系数		0.95	0.93	0.83	0.81
收到基灰分	%	12.54	19.87	6.00	4.83
干燥无灰基挥发分	%	27.33	32.31	48.94	49.73
收到基硫	%	0.43	0.61	0.15	0.11
收到基碳	%	60.51	58.56	48.63	48.85

项目	单位	神华煤 （设计煤种）	晋北煤 （校核煤种）	2号锅炉燃用煤 （混合1）	2号锅炉燃用煤 （混合2）
收到基氢	%	3.62	3.36	3.34	3.38
收到基氮	%	0.70	0.79	0.58	0.55
收到基氧	%	9.50	7.20	13.89	14.67

从表 7-13 可知，2 号机组在本次试验期间燃用的混合煤种相较设计煤种及校核煤种具有高水分、低热值（C、D 磨煤机燃用煤种）、低灰分、高挥发分的特点。

（一）习惯运行工况测试

习惯运行工况为电厂运行人员习惯操作运行方式下的试验工况。该项试验目的在于测定目前运行状况及特性，掌握运行人员习惯运行方式和控制参数，检验锅炉燃烧优化调整前锅炉经济性。习惯运行工况在 630MW 负荷下进行，试验结果见表 7-14。

表 7-14 习惯运行工况测试试验结果

项目	单位	来源	试验结果
机组负荷	MW	DCS	630
磨煤机运行方式		DCS	ABCDEF
飞灰可燃物含量	%	实测	0.88
炉渣可燃物含量	%	实测	0.30
排烟氧量	%	实测	4.20
排烟温度	℃	实测	139.44
排烟热损失	%	计算	5.78
化学不完全燃烧损失	%	计算	0.58
固体不完全燃烧损失	%	计算	0.08
设计散热损失	%	设计	0.17
灰渣物理热损失	%	计算	0.05
输入系统的外来热量	%	计算	0.01
锅炉热效率	%	计算	93.35
修正后的锅炉热效率	%	计算	93.80

由表 7-14 可知，燃烧调整前 630MW 负荷工况下，化学不完全燃烧损失较高，初步判断是由缺氧燃烧引起化学不完全燃烧损失较高，建议开展燃烧调整优化。

（二）最佳氧量试验

以脱硝系统进口氧量为控制参数，通过改变送风机入口动叶开度实现总风量变化，以确定 2 号锅炉的最佳过量空气系数。最佳氧量试验在 600MW 负荷下进行，氧量变化值为 2.66%、3.10%、3.31%；同负荷试验时保持炉膛风箱压差、磨煤机运行方式、一次风速等参数基本不变，进行锅炉热效率测试，根据试验确定 2 号锅炉的最佳运行氧量，试验结果见表 7-15。

表 7-15   最佳氧量试验结果

项目	单位	来源	工况 1	工况 2	工况 3
脱硝系统进口氧量	%	DCS	2.66	3.10	3.31
机组负荷	MW	DCS	600	600	600
磨煤机运行方式		DCS	ABCDEF	ABCDEF	ABCDEF
飞灰可燃物含量	%	实测	0.68	0.32	0.36
炉渣可燃物含量	%	实测	0.01	0.10	0.01
排烟氧量	%	实测	4.76	5.08	5.12
排烟温度	℃	实测	141.89	142.18	146.21
排烟热损失	%	计算	6.28	6.38	6.66
化学不完全燃烧损失	%	计算	1.28	0.81	0.14
固体不完全燃烧损失	%	计算	0.07	0.03	0.04
设计散热损失	%	设计	0.17	0.17	0.17
灰渣物理热损失	%	计算	0.06	0.06	0.06
输入系统的外来热量	%	计算	0.34	0.28	0.20
锅炉热效率	%	计算	92.49	92.82	93.13
修正后的锅炉热效率	%	计算	92.81	93.17	93.55
脱硝进口A侧NOx浓度	mg/m³	DCS	166.58	180.40	188.73
脱硝进口B侧NOx浓度	mg/m³	DCS	178.50	188.42	199.24

由表 7-15 可知，在最佳氧量试验期间，氧量（脱硝进口两侧氧量均值）依次调整为 2.66%、3.10%、3.31%，随着氧量提高，排烟热损失升高、化学不完全燃烧损失降低、固体不完全燃烧损失降低、灰渣物理热损失升高（先降后升，幅度较小），其中化学不完全燃烧损失的降低幅度较大（大于灰渣物理热损失及排烟热损失升高幅度之和）；脱硝进口 NOx 浓度升高，且由于三个工况下脱硝出口 NOx 浓度均维持在同一水平，因此相应的喷氨量也有所提高（随着氧量提高）。综合各项热损失情况，提高氧量主要使锅炉热效率升高，建议日常运行采用工况 3 作为 2 号锅炉的最佳运行氧量。

（三）二次风开度调整试验

在锅炉负荷与炉膛出口氧量不变的条件下（氧量按试验结果确定），调整前、后墙三层燃烧器二次风箱两侧开度，同负荷试验时保持炉膛风箱压差、磨煤机运行方式、一次风速等参数基本不变，进行锅炉热效率测试，据试验确定最佳二次风开度，试验结果见表 7-16。

表 7-16   二次风开度调整试验结果

项目	单位	来源	工况 1	工况 2
燃尽风开度	%	设计	100	100
上层二次风开度	%	设计	60	80
中层二次风开度	%	设计	80	80
下层二次风开度	%	设计	100	80

续表

项目	单位	来源	工况 1	工况 2
脱硝系统进口氧量	%	DCS	3.00	3.10
机组负荷	MW	DCS	600	600
磨煤机运行方式		DCS	ABCDEF	ABCDEF
飞灰可燃物含量	%	实测	0.28	0.32
炉渣可燃物含量	%	实测	0.01	0.10
排烟氧量	%	实测	5.06	5.08
排烟温度	℃	实测	144.09	142.18
排烟热损失	%	计算	6.49	6.38
化学不完全燃烧损失	%	计算	0.72	0.81
固体不完全燃烧损失	%	计算	0.03	0.03
设计散热损失	%	设计	0.17	0.17
灰渣物理热损失	%	计算	0.06	0.06
输入系统的外来热量	%	计算	0.22	0.28
锅炉热效率	%	计算	92.76	92.82
修正后的锅炉热效率	%	计算	93.13	93.17
脱硝进口A侧NO_x浓度	mg/m³	DCS	178.84	180.40
脱硝进口B侧NO_x浓度	mg/m³	DCS	199.95	188.42

由表 7-16 可知，在二次风开度调整试验期间，设置两个二次风开度工况，工况 1 为正宝塔型通风（上、中、下层依次为 60%、80%、100%开度）；工况 2 为均匀通风（上、中、下层均为 80%开度）。两个工况的氧量分别为 3.00%、3.10%，视为同一氧量水平。两个工况的燃尽风均保持 100%开度。将正宝塔型通风调整为均匀通风主要使排烟热损失降低、化学不完全燃烧损失升高、固体不完全燃烧损失升高、灰渣物理热损失降低，其中排烟热损失及化学不完全燃烧损失降低幅度较大（大于其余项热损失的升高幅度之和）；脱硝进口 NO_x 浓度降低，由于两个工况下脱硝出口 NO_x 浓度均维持在同一水平，因此相应的喷氨量也有所降低。综合各项热损失情况，将正宝塔型通风调整为均匀通风主要使锅炉热效率升高。综合各项热损失情况，建议日常运行采用工况 2 作为 2 号锅炉的最佳二次风开度。

（四）燃尽风开度调整试验

在锅炉负荷、炉膛出口氧量与二次风开度不变的条件下（氧量、二次风开度按试验结果确定），调整前、后墙燃尽风箱两侧开度，同负荷试验时保持炉膛风箱压差、磨煤机运行方式、一次风速等参数基本不变，进行锅炉热效率测试，据试验确定最佳燃尽风开度，试验结果见表 7-17。

表 7-17   **二次风开度调整试验结果**

项目	单位	来源	工况 1	工况 2	工况 3
燃尽风开度	%	设计	60	80	100
上层二次风开度	%	设计	80	80	80

续表

项目	单位	来源	工况 1	工况 2	工况 3
中层二次风开度	%	设计	80	80	80
下层二次风开度	%	设计	80	80	80
脱硝系统进口氧量	%	DCS	3.74	3.44	3.31
机组负荷	MW	DCS	600	600	600
磨煤机运行方式		DCS	ABCDEF	ABCDEF	ABCDEF
飞灰可燃物含量	%	实测	0.16	0.19	0.36
炉渣可燃物含量	%	实测	0.06	0.05	0.01
排烟氧量	%	实测	5.72	5.52	5.12
排烟温度	℃	实测	139.72	138.20	146.21
排烟热损失	%	计算	6.46	6.28	6.66
化学不完全燃烧损失	%	计算	0.15	0.24	0.14
固体不完全燃烧损失	%	计算	0.01	0.02	0.04
设计散热损失	%	设计	0.17	0.17	0.17
灰渣物理热损失	%	计算	0.05	0.05	0.06
输入系统的外来热量	%	计算	0.30	0.36	0.20
锅炉热效率	%	计算	93.46	93.61	93.13
修正后的锅炉热效率	%	计算	93.86	93.95	93.55
脱硝进口A侧NOx浓度	mg/m³	DCS	184.50	186.35	188.73
脱硝进口B侧NOx浓度	mg/m³	DCS	201.57	203.73	199.24

由表 7-17 可知，在燃尽风开度调整试验期间，设置三个燃尽风开度工况，燃尽风开度依次为 60%、80%、100%。三个工况的氧量依次为 3.73%、3.44%、3.31%，视为同一氧量水平。三个工况的二次风开度均采用均匀通风（上、中、下层均为 80%开度）。将燃尽风开度由 60%调整为 80%，主要使排烟热损失降低、化学不完全燃烧损失升高、固体不完全燃烧损失升高、灰渣物理热损失降低，其中排烟热损失降低幅度较大（大于其余项热损失的升高幅度之和）；将燃尽风开度由 80%调整为 100%，主要使排烟热损失升高、化学不完全燃烧损失降低、固体不完全燃烧损失升高、灰渣物理热损失升高，其中排烟热损失升高幅度较大（大于其余项热损失的降低幅度之和）。综合各项热损失情况，建议日常运行采用工况 2 作为 2 号锅炉的最佳燃尽风开度。

（五）优化工况测试

根据以上调整单项的优化调整结果，综合考虑辅机电耗、污染物排放等情况，组织一个最优的燃烧工况进行测试，试验结果见表 7-18。

表 7-18 优化工况测试结果

名称	单位	来源	优化工况
燃尽风开度	%	设计	80
上层二次风开度	%	设计	80
中层二次风开度	%	设计	80

名称	单位	来源	优化工况
下层二次风开度	%	设计	80
脱硝系统进口氧量	%	DCS	3.44
机组负荷	MW	DCS	600
磨煤机运行方式		DCS	ABCDEF
飞灰可燃物含量	%	实测	0.19
炉渣可燃物含量	%	实测	0.05
排烟氧量	%	实测	5.52
排烟温度	℃	实测	138.20
排烟热损失	%	计算	6.28
化学不完全燃烧损失	%	计算	0.24
固体不完全燃烧损失	%	计算	0.02
设计散热损失	%	设计	0.17
灰渣物理热损失	%	计算	0.05
输入系统的外来热量	%	计算	0.36
锅炉热效率	%	计算	93.61
修正后的锅炉热效率	%	计算	93.95
脱硝进口A侧NOx浓度	mg/m³	DCS	186.35
脱硝进口B侧NOx浓度	mg/m³	DCS	203.73

由表 7-18 可知，在优化工况测试期间，氧量（脱硝进口两侧氧量均值）调整为 3.44%，二次风开度采用均匀通风（上、中、下层均为 80%开度），燃尽风开度调整为 80%。优化后，与其他燃烧调整工况相比，锅炉热效率（600MW 负荷，送风修正）提升至 93.95%，化学不完全燃烧损失（送风修正）处于较低水平（0.24%），排烟热损失（送风修正）降低至 5.67%，其余项热损失均控制在较低水平。综合各项热损失情况，建议日常运行参照优化工况调整 2 号锅炉氧量、二次风开度、燃尽风开度等参数设置。

第八章 静态分离器动态可调技术

第 一 节 技 术 方 案 简 介

一、方案概述

该电厂锅炉磨煤机原设计分离器为传统离心式静态分离器，分离器有一个圆柱形或圆锥形外壳体，用法兰与磨煤机碾磨区相连，分离器内上部沿圆周均布多个可调节煤粉细度的折向挡板，在壳体的外部可对挡板的转角进行调整，可根据要求调整煤粉细度，气粉混合物流经挡板，改变流动方向产生旋转，细度不合格的粗粉在离心力和重力作用下返煤管再次进入磨煤机实现分离，沉落到碾磨区，重新磨制。经分离器分离合格后的煤粉通过煤粉管道输送至燃烧器吹入炉膛内燃烧。采用静止挡板方式对煤粉进行分离，颗粒大小可以通过重力和速度及切向挡板区域内的绕流而调整，即煤粉细度通过人工调整静态分离器挡板开度来控制。对于 HP 型中速磨煤机，通过离心式分离器挡板调整，出口煤粉细度能在一个较大的范围内进行调整，基本上能满足除无烟煤以外的其他煤种对煤粉细度的要求。

改造工作内容主要包括 2 号机组锅炉 A、C 磨煤机静态分离器动态可调改造的设计、供货、现场技术指导及现场调试，不含现场安装。改造后磨煤机静态分离器叶片与电动执行器连接，电动执行器可实现 DCS 直接控制。

二、方案内容

（1）根据一期磨煤机出口的实际情况，充分考虑现有安装空间，提出静态分离器动态可调改造的设计方案并优化。

（2）根据最终确定的设计方案，完成 2 号机组锅炉 A、C 磨煤机静态分离器动态可调的加工制造及指导安装。

（3）调试。在安装完成后，对 A、C 制粉系统静态分离器挡板角度进行冷态调试，实现静态分离器挡板开度校核定位；机组启机后，进行热态细度摸底试验，完成实际制煤种分离器的开度—细度曲线。

三、调试方法

图 8-1 所示为 A、C 磨煤机静态分离器改造图,改造后可实现静态分离器的远方 DCS 调节,根据煤质及时从 DCS 系统通过调节磨煤机静态分离器叶片开度来实现对煤粉细度的调节。

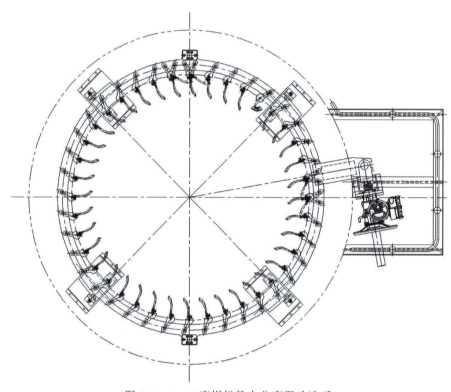

图 8-1 A、C 磨煤机静态分离器改造后

冷态对 A、C 磨煤机就地操作电动执行器定分离器挡板 0 开度和 100%开度,定分离器挡板最小开度 5° 为执行器 0 开度,定挡板角度 90° 对应执行器 100%开度,远方操作执行器全行程校核。

热态根据协议要求 A、C 磨煤机使用印尼煤和国内煤两种煤质进行细度标定测试。根据两种煤质的干燥无灰基挥发分 V_{daf},计算理论经济煤粉细度 R_{90},计算公式为

$$R_{90}=0.5nV_{daf}$$

式中:n 为煤粉均匀性指数,对于球磨机可取 1.0,对于中速磨可取 1.1;V_{daf} 为煤的干燥无灰基挥发分。

保持磨煤机出力在常用工况基本不变,改变磨煤机分离器挡板开度,选择 A 磨分离器挡板开度分别为 55%、60% 和 70%,选择 C 磨分离器挡板开度分别为 35%、45% 和 55%,

调整后稳定 30min，试验人员进行煤粉取样测试。最终测试煤粉细度区间包含理论经济煤粉细度，得出实际磨制煤种时分离器开度—煤粉细度 R_{90} 曲线。

以单台制粉系统为测试单位，测试制粉系统要求：

（1）制粉系统出力保持在 45t/h，并保持此制粉系统工况稳定。

（2）测试期间，确保测试制粉系统无影响运行的缺陷。

（3）保持煤质不变。

四、调试仪器

试验测试仪器见表 8-1。所有的测量、测试数据均以算术平均值引入相关计算；测量、测试结果均不考虑测量、测试仪器的系统误差。

表 8-1　　　　　　　　　　　　试验仪器清单

名称	型号	测量精度
多点式煤粉取样枪	—	—
数字微压计	—	<±0.5%
皮托管	—	<±0.5%
传压管	—	—
射气抽气器	—	—
旋风分离器	ϕ80mm	分离效率>99%

第二节　调　试　结　果

一、冷态调试结果

执行器 DCS 和就地手动调节分离器挡板均无卡涩，可以正常执行。挡板就地角度与执行器开度匹配准确。挡板角度 90°对应执行器 100%开度，挡板角度 5°对应执行器 0 开度。

具体调试过程如下：

（1）调试人员需进入磨煤机本体，在回粉锥处观测分离器挡板安装是否正常，有无个别分离器挡板安装角度异常或挡板安装错位。

（2）执行器就地操作人员手动操作执行器，调试人员同步观察分离器挡板开度是否有变化，且所有分离器挡板是否同步开合或者关闭。

（3）手动操作执行器定 0 开度和 100%开度，调试人员在回粉锥处观察并标定分离器挡板最小开度 5°为执行器 0 开度，执行器就地操作人员标记此时执行器位置，同理确定挡板角度 90°对应执行器 100%开度，如图 8-2 所示。

（a）挡板角度5°对应执行器0开度　　　　　　（b）挡板角度90°对应执行器100%开度

图 8-2　分离器挡板执行开度

（4）DCS 远方操作执行器从 0 到 100%再到 0，调试人员观测分离器挡板是否到位无异常。

二、热态调试结果

C 磨煤机在印尼煤种下进行了分离器挡板开度 35%、45%和 55%三个工况测试，结果见表 8-2；分离器挡板开度—细度曲线 R_{90} 如图 8-3 所示。

煤质数据：240°～360°兴海和-印尼煤，低位发热量 3396kcal/kg、干燥无灰基准挥发分 41.66%、收到基灰分 4.34%、硫分 0.13%、灰熔点 1195℃。

表 8-2　　　　　　　　　　　兴海和-印尼煤测试试验数据

序号	项目	单位	兴海和-印尼煤		
1	试验磨煤机编号	—	2C	2C	2C
2	挡板开度	%	35	45	55
3	试验日期	—	2月2日	2月2日	2月2日
4	负荷	MW	459.3	268.7	252.5
5	磨煤机组合	—	ACDEF	ACDF	ACDF
6	冷风门开度	%	17	66	0
7	热风门开度	%	80	80	82
8	混合风温度	℃	293.8	260.1	285.6
9	总煤量	t/h	45.61	45.66	46.11
10	总风量	t/h	70.73	69.24	76.43
11	磨煤机差压	kPa	2.52	2.64	2.64
12	密封风差压	kPa	3.75	4.00	4.28
13	磨煤机电流	A	51.6	48.7	51.4
14	磨煤机出口温度	℃	55.7	59.0	54.8

续表

序号	项目	单位	兴海和-印尼煤		
15	煤粉细度R_{200}	%	1.84	1.20	2.24
16	煤粉细度R_{90}	%	23.72	27.80	29.84

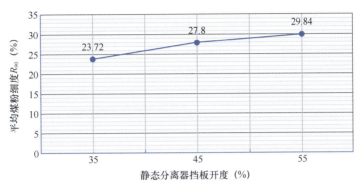

图 8-3　C 磨煤机分离器开度—细度曲线

A 磨煤机在国内煤种下进行了分离器挡板开度 55%、60%和 70%三个工况测试，结果见表 8-3；分离器挡板开度—细度曲线如图 8-4 所示。

煤质数据：80°～200°国远 82-内贸煤，低位发热量 4295kcal/kg、干燥无灰基挥发分 26.41%、收到基灰分 29.64%、硫分 0.47%、灰熔点 1500℃。

表 8-3　　　　　　　　国远 82-内贸煤测试试验数据

序号	项目	单位	国远 82-内贸煤		
1	试验磨煤机编号	—	2A	2A	2A
2	挡板开度	%	55	60	70
3	试验日期	—	2月2日	2月2日	2月2日
4	负荷	MW	267.1	271.5	275.3
5	磨煤机组合	—	ACDF	ACDF	ACDF
6	冷风门开度	%	34	35	37
7	热风门开度	%	100	94	100
8	混合风温度	℃	267.9	258.8	261.6
9	总煤量	t/h	40.21	40.99	39.40
10	总风量	t/h	68.72	70.94	72.42
11	磨煤机差压	kPa	2.42	2.51	2.39
12	密封风差压	kPa	4.35	4.44	4.48
13	磨煤机电流	A	55.7	56.6	55.2
14	磨煤机出口温度	℃	82.7	81.1	82.5
15	煤粉细度R_{200}	%	1.04	1.14	1.64
16	煤粉细度R_{90}	%	9.40	11.12	13.64

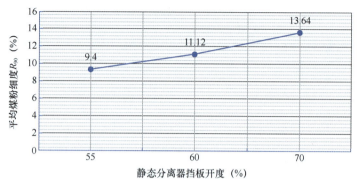

图 8-4　A 磨煤机分离器开度—细度曲线

三、结论及建议

C 磨煤机印尼煤煤质干燥无灰基挥发分 41.66%，计算经济煤粉细度 R_{90}=23%，分离器挡板开度 35%试验工况时 R_{90}=23.72%，满足计算经济煤粉细度要求，建议 C 磨煤机在使用该煤种或相近煤种时，分离器挡板开度控制在 35%较为合适。若磨制的印尼煤种水分过大且磨煤机干燥出力不够时，影响磨煤机安全稳定运行，可将分离器挡板角度调整到 40%。

A 磨煤机国内煤煤质干燥无灰基挥发分 26.41%，计算经济煤粉细度 R_{90}=14.5%，分离器挡板开度 55%试验工况时 R_{90}=9.4%，优于计算经济煤粉细度，建议 A 磨煤机使用该煤种或相近煤种时，分离器挡板开度控制在 55%较为合适。

参　考　文　献

[1] Kubik M L, Coker P J, Barlow J F. Increasing thermal plant flexibility in a high renewables power system[J]. Applied Energy, 2015, 154: 102-111.

[2] 张继权, 张艳波, 苏琳, 等. 火电灵活性提升可行方案的研究[J]. 科技创新与应用, 2016(31): 201.

[3] Henderson C. Increasing the flexibility of coal-fired power plants[M]. London: IEA Clean Coal Centre, 2014.

[4] 吕清刚, 李诗媛, 黄粲然. 工业领域煤炭清洁高效燃烧利用技术现状与发展建议[J]. 中国科学院院刊, 2019, 34(4): 392-400.

[5] 陆小泉. 我国煤炭清洁开发利用现状及发展建议[J]. 煤炭工程, 2016, 48(3): 8-10.

[6] 郭晋荣, 贾里, 王彦霖, 等. 城市污泥热解特性及理化性能研究[J]. 中南大学学报（自然科学版）, 2021, 52(6): 2023-2031.

[7] 袁志航, 楼紫阳. 市政污泥衍生功能化炭材料合成及热解过程污染控制研究进展[J]. 硅酸盐通报, 2021, 40(05): 1520-1528.

[8] Jayaraman K, Goekalp I. Pyrolysis. combustion and gasification characteristics of miscanthus and sewage sludge[J]. Energy Conversion and Management, 2015, 89: 83-91.

[9] 周旭红, 郑卫星, 祝坚, 等. 污泥焚烧技术的研究进展[J]. 能源环境保护, 2008(4): 5-8, 31.

[10] 侯玉婷, 李晓博, 刘畅, 等. 火电机组灵活性改造形势及技术应用[J]. 热力发电, 2018, 47(05): 8-13.

[11] 陈永辉, 李志强, 蒋志庆, 等. 基于电锅炉的火电机组灵活性改造技术研究[J]. 热能动力工程, 2020, 35(01): 261-266.

[12] 陈磊, 徐飞, 王晓, 等. 储热提升风电消纳能力的实施方式及效果分析[J]. 中国电机工程学报, 2015, 35(17): 4283-4290.

[13] 李德波, 沈跃良, 余岳溪, 等. 旋流燃烧煤粉锅炉主要烟气组分及分布规律试验[J]. 广东电力, 2016, 29(3): 1-7.

[14] 刘鹏宇, 李德波, 刘彦丰, 等. 燃煤电厂锅炉机组受热面积灰结渣研究现状与展望[J/OL]. 洁净煤技术. https: //kns-cnki-net. webvpn. ncepu. edu. cn/kcms/detail/11. 3676. TD. 20210722. 1819. 004. html.

[15] 张广才, 周科, 鲁芬, 等. 燃煤机组深度调峰技术探讨[J]. 热力发电, 2017, 46(9): 17-23.

[16] 李剑, 熊建国, 童家麟, 等. 深度调峰中锅炉超低负荷稳燃技术的研究[J]. 浙江电力, 2018, 37(2): 62-66.

[17] 崔海娣, 郑晓军, 周顺文. 660MW 超临界机组锅炉折烟角塌渣(焦)问题分析及解决方法[J]. 锅炉制造, 2020(1): 23-25.

[18] 牟春华, 居文平, 黄嘉驷, 等. 火电机组灵活性运行技术综述与展望[J]. 热力发电, 2018, 47(5): 1-7.

[19] 张成, 朱天宇, 殷立宝, 等. 100MW 燃煤锅炉污泥掺烧试验与数值模拟[J]. 燃烧科学与技术, 2015, 21(2): 114-123.

[20] 王乐乐, 孔凡海, 何金亮, 等. 超低排放形势下 SCR 脱硝系统运行存在问题与对策[J]. 热力发电, 2016, 45(12): 19-24.

[21] 刘鹏宇, 李德波, 刘彦丰. 燃煤电厂锅炉机组焦炭燃烧模型分析与展望[J/OL]. 洁净煤技术: 1-13[2021-09-07]. http: //kns. cnki. net/kcms/detail/11. 3676. TD. 20210902. 1606. 004. html.

[22] 李燕, 赵新木, 岳光溪, 等. 低质量流速垂直管屏技术的原理与应用分析[J]. 热能动力工程, 2006(6): 640-643, 647, 659-660.

[23] 焦庆丰, 雷霖, 李明, 等. 国产 600 MW 超临界机组宽度调峰试验研究[J]. 中国电力, 2013, 46(10): 1-4.

[24] 周俊波, 刘茜, 张华, 等. 典型燃煤锅炉低负荷及变负荷运行控制特性分析[J]. 热力发电, 2018, 47(9): 34-39.

[25] 王富文. 优化内螺纹管在低质量流速直流锅炉设计中的应用[J]. 中国电力, 2003(12): 20-23.

[26] 王富文. 低质量流速设计在直流锅炉上的应用[J]. 华中电力, 2004(1): 38-41.

[27] 朱晓静, 毕勤成, 杨冬, 等. 直流锅炉垂直管圈水冷壁低流速自补偿特性的试验研究[J]. 热能动力工程, 2010, 25(4): 418-422, 469.

[28] 朱晓静, 毕勤成, 杨冬, 等. 垂直并联管低质量流速自补偿特性的研究[J]. 核动力工程, 2011, 32(1): 70-74.

[29] 马本锋, 薛益鸣, 张辉, 等. 国产 300MW 机组 UP 型直流锅炉运行与技术交流[J]. 华中电力, 2003(4): 56-59.

[30] 马本锋. 国产 300MW 机组 UP 型直流锅炉调峰技术改造研究[J]. 中国电力, 2003(3): 8-12.

[31] 杨冬, 于辉, 华洪渊, 等. 超(超)临界垂直管圈锅炉水冷壁流量分配及壁温计算[J]. 中国电机工程学报, 2008(17): 32-38.

[32] Tucakovic D R, Stevanovic V D, Zivanovic T. Thermal-hydraulic analysis of a steam boiler with rifled evaporating tubes[J]. Applied Thermal Engineering, 2007, 27(3): 509-519.

[33] 周旭, 杨冬, 肖峰, 等. 超临界循环流化床锅炉中等质量流速水冷壁流量分配及壁温计算[J]. 中国电机工程学报, 2009, 29(26): 13-18.

[34] 张大龙, 吴玉新, 张海, 等. 低质量流率垂直管圈超临界煤粉锅炉的水动力特性分析[J]. 中国电机工程学报, 2014, 34(32): 5693-5700.

[35] 李德波, 狄万丰, 李鑫, 等. 1045MW 超超临界贫煤锅炉燃用高挥发分烟煤的燃烧调整研究及工程实践[J]. 热能动力工程, 2016, 31(01): 117-123, 139-140.

[36] 陈朝松. 电站锅炉过热器和再热器超温爆管理论分析、计算方法的研究[D]. 上海: 上海发电设备成套设计研究所, 2003.

[37]　衡丽君. 大型锅炉热偏差数值计算方法与应对措施的研究[D]. 南京: 东南大学, 2004.

[38]　郝剑, 裴建军, 由长福. 劣质煤种对 1000MW 旋流对冲锅炉燃烧性能的影响[J]. 洁净煤技术, 2019, 25(5): 93-100.

[39]　崔星源. 超临界煤粉锅炉低 NOx 燃烧数值模拟[D]. 北京: 华北电力大学, 2006.

[40]　韩才元, 徐明厚, 周怀春, 等. 煤粉燃烧[M]. 北京: 科学出版社, 2001.

[41]　李德波, 沈跃良, 余岳溪, 等. 旋流燃烧煤粉锅炉主要烟气组分及分布规律试验[J]. 广东电力, 2016, 29(3): 1-7.

[42]　李道林, 王文欢, 潘卫国. 600MW 墙式对冲燃煤锅炉燃烧数值模拟[J]. 动力工程学报, 2020, 40(2): 110-116.

[43]　王松浩. 旋流对冲锅炉烟煤低氮燃烧特性数值模拟[J]. 发电设备, 2018, 32(2): 108-113.

[44]　徐启, 邢嘉芯, 张梦竹, 等. 低 NOx 旋流煤粉燃烧器气固两相流模拟[J]. 科学技术与工程, 2019, 19(20): 215-220.

[45]　刘鹏宇, 李德波, 刘彦丰, 等. 整层低 NOx 旋流燃烧器燃烧特性数值模拟研究与应用[J/OL]. 广东电力: 1-13[2022-01-05]. http: //kns. cnki. net/kcms/detail/44. 1420. TM. 20211112. 2001. 002. html.

[46]　刘鹏宇, 李德波, 刘彦丰, 等. 低 NOx 旋流燃烧器燃烧特性数值模拟研究与应用[J/OL]. 洁净煤技术: 1-16[2022-01-05]. http: //kns. cnki. net/kcms/detail/11. 3676. td. 20211201. 1748. 002. html.

[47]　刘鹏宇, 李德波, 刘彦丰, 等. 低 NOx 旋流燃烧器冷态动力场数值模拟研究[J/OL]. 广东电力: 1-12 [2022-01-05]. http: //kns. cnki. net/kcms/detail/44. 1420. TM. 20211022. 1223. 002. html.

[48]　刘鹏宇, 李德波, 刘彦丰, 等. 单个低 NOx 旋流燃烧器燃烧特性数值模拟研究与工程应用[J/OL]. 洁净煤技术: 1-15[2022-01-05]. http: //kns. cnki. net/kcms/detail/11. 3676. TD. 20211015. 0010. 002. html.

[49]　茅建波, 张明, 熊建国, 等. 1000 MW 旋流对冲燃烧锅炉 NOx 排放特性试验研究[J]. 动力工程学报, 2019, 39(3): 169-174, 190.

[50]　李德波, 徐齐胜, 李方勇, 等. 对冲旋流燃烧煤粉锅炉高温腐蚀现场试验与改造的数值模拟研究[J]. 广东电力, 2015, 28(11): 6-12.

[51]　徐启, 邢嘉芯, 张梦竹, 等. 低 NOx 旋流燃烧器燃烧特性数值模拟[J]. 科学技术与工程, 2020, 20(20): 8168-8174.

[52]　敖翔. 超（超）临界锅炉螺旋式上升水冷壁的高温腐蚀研究[D]. 杭州: 浙江大学, 2017.

[53]　李德波, 徐齐胜, 李方勇, 等. 对冲旋流燃烧煤粉锅炉高温腐蚀现场试验与改造的数值模拟研究[J]. 广东电力, 2015, 28(11): 6-12.

[54]　许尧. 1000 MW 超超临界锅炉低氮燃烧改造后水冷壁腐蚀及其防治的研究[D]. 南京: 东南大学, 2017.

[55]　刘鹏宇, 李德波, 刘彦丰, 等. 燃煤电厂锅炉机组受热面积灰结渣研究现状与展望[J/OL]. 洁净煤技术: 1-13[2021-09-27]. http: //kns. cnki. net/kcms/detail/11. 3676. TD. 20210722. 1819. 004. html.

[56]　李德波, 刘鹏宇, 刘彦丰, 等. 新型电力系统规划下燃煤电厂锅炉机组的发展[J/OL]. 广东电力:

1-13[2021-09-27]. http: //kns. cnki. net/kcms/detail/44. 1420. tm. 20210920. 0232. 002. html.

[57] 李德波, 沈跃良, 邓剑华, 等. OPCC 型旋流燃烧器大面积烧损的关键原因及改造措施[J]. 动力工程学报, 2013, 33(6): 430-436.

[58] 周文台, 王克, 何翔, 等. 四角切圆锅炉防高温腐蚀的燃烧优化试验研究[J]. 动力工程学报, 2020, 40(11): 872-877.

[59] 高全, 张军营, 丘纪华, 等. 燃煤电站锅炉高温腐蚀特征的研究[J]. 热能动力工程, 2007(03): 292-296, 346.

[60] 赵虹, 魏勇. 燃煤锅炉水冷壁烟侧高温腐蚀的机理及影响因素[J]. 动力工程, 2002(2): 1700-1704.

[61] 丘纪华, 李敏, 孙学信, 等. 对冲燃烧布置锅炉水冷壁高温腐蚀问题的研究[J]. 华中理工大学学报, 1999(1): 64-66, 78.

[62] 刘鹏宇, 李德波, 刘彦丰, 等. 燃煤电厂煤粉燃烧焦炭燃烧模型分析与展望[J/OL]. 洁净煤技术: 1-13[2021-09-27]. http: //kns. cnki. net/kcms/detail/11. 3676. td. 20210902. 1606. 004. html.

[63] 李永生, 刘建民, 陈国庆, 等. 对冲旋流燃烧锅炉侧墙水冷壁近壁区还原性气氛分布特性[J]. 动力工程学报, 2017, 37(7): 513-519, 539.

[64] 周亚明, 王新宇, 黄亚继, 等. 某 1000MW 超超临界双切圆燃煤锅炉炉膛燃烧数值模拟研究[J/OL]. 洁净煤技术: 1-16[2021-09-27]. http: //kns. cnki. net/kcms/detail/11. 3676. TD. 20201225. 1615. 002. html.

[65] 陈是楠. 600MW 切圆锅炉燃烧器布置方式优化及其硫化氢生成特性研究[D]. 北京: 北京交通大学, 2016.

[66] 孟繁兵, 高松. 四角切圆锅炉硫化氢生成特性的研究[J]. 黑龙江电力, 2019, 41(1): 87-90.

[67] 秦明, 姜文婷, 吴少华. 空气分级燃烧炉内壁面硫化物分布的数值模拟[J]. 动力工程学报, 2016, 36(2): 91-98.

[68] 吕洪坤, 童家麟, 刘建忠, 等. 1000MW 超超临界锅炉高温腐蚀分析及对策[J]. 北京工业大学学报, 2017, 43(3): 481-488.

[69] 李琰, 鲁金涛, 杨珍, 等. 铝化物涂层改性 Super304H 钢在模拟锅炉煤灰/气环境中的腐蚀行为[J]. 机械工程材料, 2017, 41(05): 89-94, 99.

[70] 谢卫国. 超临界对冲燃烧锅炉高温硫腐蚀分析及电弧喷涂防腐应用[J]. 华电技术, 2013, 35(7): 16-17, 39, 76.

[71] 何涛. 600MW 墙式布置对冲燃烧锅炉贴壁风技术研究[D]. 哈尔滨: 哈尔滨工业大学, 2019.

[72] 朱宣而, 黄亚继, 岳峻峰, 等. 旋流对冲锅炉侧墙贴壁风结构优化及布置数值模拟[J]. 洁净煤技术, 2021, 27(3): 174-181.

[73] 董喜斌. 贴壁风对一台 600MW 墙式布置锅炉炉内流场及燃烧的影响[D]. 哈尔滨: 哈尔滨工业大学, 2018.

[74] 陈敏生, 廖晓春. 改造燃烧系统降低对冲锅炉侧墙还原性气氛[J]. 中国电力, 2014, 47(01): 91-95.

[75] 方志星. 对冲燃烧锅炉防高温腐蚀改造数值研究[J]. 浙江电力, 2019, 38(6): 72-77.

[76] 陈勤根, 陈国庆, 朱青国, 等. 对冲旋流燃烧锅炉贴壁风布置方式对比研究[J]. 动力工程学报,

2021, 41(8): 624-631.

[77] 杨振, 王新宇, 朱宣而, 等. 调整内外二次风与加装贴壁风方法对缓解炉内高温腐蚀的数值模拟研究[J]. 华电技术, 2020, 42(12): 28-36.

[78] 陈天杰, 姚露, 刘建民, 等. 某660MW前后墙对冲燃煤锅炉贴壁风优化方案的数值模拟[J]. 中国电机工程学报, 2015, 35(20): 5265-5271.

[79] 姚露, 陈天杰, 刘建民, 等. 组合式贴壁风对660MW锅炉燃烧过程的影响[J]. 东南大学学报（自然科学版）, 2015, 45(1): 85-90.

[80] 韩才元, 徐明厚, 周怀春, 等. 煤粉燃烧[M]. 北京: 科学出版社, 2001.

[81] 李春曦, 许涛, 李敏, 等. 对冲燃烧锅炉防高温硫腐蚀改造的数值研究[J]. 动力工程学报, 2016, 36(11): 853-861.